AF382464

Max Egli

Gedanken eines «Öko-Terroristen»

Angeklagt: POLITIK, WIRTSCHAFT, NUKLEAR- und GENTECHNIK

Verlag und Druck: tredition GmbH, Halenreie 40-44, 22359 Hamburg

ISBN
Paperback: 978-3-347-23778-0
Hardcover: 978-3-347-23779-7
e-Book: 978-3-347-23780-3

Für Basil, Finn, Sämi, Tamara und Luzia

Website:

https://oekoterrorist.ch

Einleitung

Lebenslauf eines Gutmenschen

Als ich, kleiner Bruder zweier Schwestern, am 23. November 1943 in Winterthur geboren wurde, war Krieg. Lebensmittel gab es nur im Offenverkauf aus der Region. Gemüse und Früchte zog man selbst im Garten und auf der «Pünt». Rohmilch, Eier und (selten) Fleisch lieferte der benachbarte Bauer ins Haus und alles war biologisch. Auto fuhren nur Ärzte und die wenigen reichen Leute. Die Kleider für die ganze Familie hatten in einem Schrank und einer Kommode Platz. Man lebte mit minimalen materiellen Gütern und war zufrieden, wenn man ein Dach über dem Kopf hatte und jeden Tag etwas zu essen bekam. Da Vater als Busfahrer bei den Verkehrsbetrieben nur wenig verdiente, musste Mutter ebenfalls ausser Haus arbeiten, weswegen wir Kinder einen Teil der Hausarbeit zu besorgen hatten. Dies hatte grosse Vorteile, war doch während normaler Tage keine Ordnungsmacht vorhanden, sodass wir mit einem ausgeprägten Freiheitsbewusstsein aufwuchsen. Dass wir in einem Reihen-Einfamilienhaus des «Vereins für Volksgesundheit» mit kleinen Zimmern und grossem Garten (Spielplatz) leben konnten, prägte uns Kinder auch stark. Für Hausaufgaben war jeweils wenig Zeit, da ich im Sommer dringend im Schwimmbad oder auf dem Fussballfeld gebraucht wurde, während ausserhalb der Badesaison auf oder am Schützenweiher Eishockey, Schlitteln, Luftgewehrschiessen u.a.m. angesagt war. Den ersten Naturschutz übte ich bei den Pfadfindern, wo auch ein soziales Grundmuster angelegt wurde. Während der ganzen übrigen Zeit las ich alle in unserem Haus verfügbaren Bücher, von denen ich das Meiste verstand. 15-jährig kaufte ich zwei Bände *Antike Geisteswelt*[11], die meine Sicht der Menschheit stark beeinflussten. Aus mir wurde ein «Humanist», ohne dass mir dies damals bewusst war. Schon in früher Jugend wollte ich alles wissen und die Welt und die

Menschen verstehen. Ich studierte Technik, um nicht von dieser beherrscht zu werden. Während der Mechanikerlehre in der Metallarbeiterschule Winterthur, lernte ich auf Kosten des Steuerzahlers fliegen, was dann später zum Beruf des Flugverkehrsleiters im Kontrollturm Zürich führte. Von Umweltschutz war damals noch nicht die Rede, weil die Bedingungen nur ein nachhaltiges Leben zuliessen. In den 1970-er Jahren tauchten dann die ersten Studien zur Umwelt auf, z.B. des *Club of Rome*[12], *Global 2000*[13], *Statistiken der WHO* etc. welche mich, wegen fehlender Parteitauglichkeit, zum grünen Einzelkämpfer und «Gutmenschen» werden liessen. Bis zur Pensionierung mit 55 Jahren hatte ich geheiratet, zwei Kinder aufgezogen, ein Öko-Haus[14], ein Segelschiff und ein Wohnmobil gebaut, mich in der Gemeinde engagiert und ein Lehrerseminar für Waldorf-Pädagogik[15] abgeschlossen. Nach der Pensionierung war ich in einer Waldorfschule noch sieben Jahre als Werklehrer tätig. Anschliessend hatte ich Zeit, mich eingehender mit Atomtechnik, Gentechnik und Philosophie zu beschäftigen. Bereits 1982 notierte ich mir einige Gedanken über die moderne Welt, welche 2020 (handgeschrieben) anlässlich einer Covid-Aufräumaktion wieder auftauchten. Erstaunt stellte ich fest, dass diese Gedanken noch immer (oder wieder) hochaktuell waren.

Als der Verleger und Chefredaktor eines bekannten Wochenblattes besorgte Menschen und Umweltschützer als **Ökoterroristen** bezeichnete und obendrein mein Lebensziel Gutmensch zum Schimpfwort des Jahres wurde, musste ich etwas dagegen unternehmen. So entstand diese Schrift zum Thema Überleben, als «Geschichte» und Warnung für meine fünf Enkel.

Das Manuskript «1982» habe ich 2020 völlig unverändert übernommen. Die darin genannten Fakten entsprechen dem Stand der Wissenschaft jener Zeit, in der es für die Allgemeinheit keine Personal-Computer, Internet oder gar künstliche Intelligenz, also auch kaum «Fake News» gab. Der Ton dieser frühen Betrachtungen scheint mir heute ziemlich verzweifelt, mit vielen «wir müssen...» und «wir sollten...». Das entsprang der Dringlichkeit der Probleme und der Sorge um die Zukunft meiner damals noch kleinen Kinder. Auch war ich mit jugendlicher Radikalität überzeugt, die Welt richtig zu sehen, was mir heute im Alter als etwas überheblich vorkommt.

Leider haben sich die damaligen Befürchtungen als berechtigt erwiesen. Deshalb entstand der zweite Teil für die Zeit von 1998 bis 2020. Zur Verdeutlichung wurden hier einige *Leserbriefe*, E-Mails und Dispute beigefügt. In Leserbriefen ist immer eine Zusammenfassung der Argumente nötig, da längere Texte nie veröffentlicht werden. Bei diesen Einsendungen waren Wiederholungen der grundsätzlichen Gedanken nicht zu vermeiden. Sie wurden aber trotzdem verwendet, wenn neue Aspekte und Zusammenhänge kommentiert werden mussten.

Der ganze Text ist ein Konzentrat von Gedanken, die durch viele wissenschaftliche Studien, Bücher und Zeitungsartikel angeregt wurden. Immer war dabei die Frage im Hintergrund präsent:«Was ist ein Mensch und was soll das alles?». Es geht also auch um die grossen Fragen der Philosophie[1] und hier speziell um das uralte ungelöste «Geist-Materie-Problem»[16]. In der Wissenschaft gilt das Primat der Materie, was freien Willen und damit Entscheide für oder gegen eine Technik ausschliesst. Für mich ist diese Konsequenz nicht nur falsch, sondern unmenschlich, da sie offensichtlich die Lebensbasis zerstört. Ich versuche, mit diesem Text dagegen eine Stimme zu erheben. Durch die in *Leserbriefen* notwendige Verdichtung mögen gelegentlich Aussagen und Schlussfolgerungen als rechthaberisch, übertrieben oder gar zu pessimistisch erscheinen. Sie sind jedoch allesamt wissenschaftlich abgesichert und halten jedem ausführlichen Faktencheck stand. Zu diesem Zweck wurde in einer zweiten Auflage ein Literaturverzeichnis angehängt, welches auch neueste Publikationen (bis 2020) zu den diversen Themen enthält.

März 2020,

Max Egli

<u>Inhalt:</u>   Seite: 9

Teil 1: 1982

Der Versuch, grundsätzliche Gedanken aufzuschreiben zwingt zur Vereinfachung, zum Herausschälen des Wesentlichen eines Problems. Wenn man dies tut, ohne immer und überall faule Zwischenlösungen zu suchen, gerät man sehr schnell in den Verdacht, radikal oder aber naiv zu sein. Trotzdem habe ich in dieser Schrift versucht, Begriffe umfassend zu gebrauchen und Einzelheiten wegzulassen wo immer dies möglich war. Damit soll vermieden werden, dass durch den verlorenen Überblick und über zu viele Einzelheiten Wahrheit ins Gegenteil verkehrt wird. Was wahr ist im Grossen, muss wahr bleiben im Kleinen und umgekehrt. So versuche ich, keine politischen, religiösen oder rassistischen Dogmen zu verarbeiten, soweit dies einem einzelnen Menschen überhaupt möglich ist. Die hier gemachten Beobachtungen und Feststellungen beruhen aber immer auf wissenschaftlichen Studien und sind einzeln nachzuprüfen. Deswegen verzichte ich auf die bei Sachbüchern üblichen Querverweise und Randnotizen, da diese beim Lesen erfahrungsgemäss meistens übersprungen werden. Ich hoffe, dass trotzdem alle Leser, egal welcher Herkunft und Bildung, in der Lage sein werden, den dargestellten Überlegungen zu folgen.

Dieses Büchlein handelt vom Leben und Überleben des Menschen auf seinem Raumschiff, dem Planeten Erde. Dieses Leben ist unmittelbar und erdumfassend bedroht durch die jüngsten Entwicklungen der letzten paar Jahrzehnte und es ist der artbezogene Überlebenstrieb, der mich nach Lebensformen suchen lässt, die auch meinen Kindern und weiteren Generationen eine Lebensmöglichkeit lässt. Gegenwärtig agieren wir, als wären wir die Letzten, denen es vergönnt ist, dieses Raumschiff zu benutzen. Eine solche Haltung ist dem höchst entwickelten Wesen auf der Erde unwürdig. Diese Meinung wird von vielen Tausenden von Menschen vertreten und ein grosser Teil von ihnen sucht nach Lebensentwürfen, Ideen und Möglichkeiten, deren sie sich nicht (weder jetzt noch später) zu schämen brauchen. Vielleicht können die folgenden, als Standortbestimmung für mich selbst notierten Gedanken, jenen Suchenden auf irgendeine Art eine Unterstützung sein.

Grundsätzliches

Hunderttausende von Jahren können wir Menschen unseren eigenen Weg der Entwicklung bis zur Gegenwart zurückverfolgen. Von den ersten Spuren irdischer Intelligenz bis zur heutigen Menschheit lässt sich ein ständiges auf und ab der Kulturen nachweisen, eine dauernde Folge von Höhen und Tiefen, von Entstehen und Vergehen. Immer aber brauchte der Mensch als Basis für sein Leben und Überleben diesen Planeten Erde mit seinem in Millionen von Jahren entstandenen Aufbau und Kreisläufen, genannt Natur. Daran hat sich bis heute (1982) nichts geändert. Noch immer ist die Menschheit auf das unveränderte Vorhandensein von **ERDE**, **LUFT**, **WASSER** und **SONNE** angewiesen. Diese vier Elemente werden daher von mir Basis-Lebensgüter oder Grundlagen des Lebens genannt. Die unveränderte Erhaltung dieser Grundlagen ist Voraussetzung für das Weiterbestehen allen Lebens auf diesem Planeten. Das Schlüsselwort hier heisst «unverändert», da hochentwickelte Organismen wie der Mensch sich frühestens in Jahrtausenden an Veränderungen der Grundbedingungen anpassen können. Bisher war dies für unsere Vorfahren kein Problem, da sie weder die Technik, noch den Willen zur Veränderung ihrer Umweltbedingungen hatten.

Dies hat sich nun in unserer Zeit gründlich geändert. Wir sind die erste Generation überhaupt, die technisch die Möglichkeit hat, unser Raumschiff Erde total zu zerstören. Und mit selbstmörderischer Gründlichkeit haben wir eben diese totale Zerstörung eingeleitet. Dass dies so ist, kann jedermann selbst feststellen. Man braucht nämlich nur die unzähligen Artikel und Bücher über Umweltprobleme zu lesen und dazu mit offenen Augen in diese Welt zu schauen. Die Meinung aller Fachleute ist einstimmig: es bleibt nur noch wenig Zeit (wenige Jahrzehnte) um jene Prozesse einzuleiten, welche die Basis des Lebens erhalten könnten. Vielleicht ist es aber schon zu spät zur Rettung der Lebensgrundlagen und damit der Art Mensch.

Die dringendste und wichtigste Aufgabe der gesamten Menschheit liegt heute darin, diese Zerstörung der Basis-Lebensgüter zu verhindern und wo schon geschehen oder eingeleitet, wieder rückgängig zu machen.

Nur wenn wir dies schaffen, hat es überhaupt einen Sinn, alle übrigen Probleme wie zum Beispiel Hunger, Krieg, Dritte Welt, Ost-West u.s.w. anzugehen, denn die Erhaltung unserer angestammten Umwelt ist unbedingte Voraussetzung für alle anderen Bedingungen des Lebens und für das Leben selbst. Ohne gesunde Basis-Lebensgüter und Grundlagen kann kein Leben weiterbestehen.

Das sind alles grundsätzlich einfache Erkenntnisse. Sie sind aber leider weder in den Machtzentren der Politik (Regierungen), noch der Wirtschaft, noch der Wissenschaft zu finden. Wenn man mit Vertretern dieser Mächte diskutiert, ist keiner zuständig für das Ganze, jeder sieht nur gerade einzelne Probleme seiner Abteilung, für die er sowieso keine Verantwortung übernehmen kann, weil immer die anderen Abteilungen schuld sind. Wenn dann einer dieser Machthungrigen es bis zum allein Entscheidenden oder Präsidenten einer Nation gebracht hat, wird die eigene Unfähigkeit, gesamthaft und umfassend zu denken, einfach den vielen Beratern in die Schuhe geschoben. Offensichtlich ist jenen Leuten, die Macht ausüben, während dem Aufbau ihrer Karrieren der gesunde Menschenverstand oder die Vernunft abhandengekommen. Selbst hochbezahlte Berufsdenker, die Professoren der Philosophie, sehen allenfalls «Steuerungskrisen» oder «die Menschen sind halt so». Wenn die Denkenden dann doch hie und da zu menschenwürdigeren Meinungen kommen, werden sie bald als wirklichkeitsfremd, Utopist, Träumer oder dergleichen bezeichnet. Jedenfalls fehlt jeglicher Einfluss einer gesamtheitlichen Denkweise, sowie von Ethik und Moral bei den Steuerleuten und Machthabern dieser Erde. Wäre dem nicht so, hätte der folgende Abschnitt nicht geschrieben werden müssen.

Der «schnelle Weg» in den Untergang

Nur aus den oben gemachten Feststellungen kann ich mir erklären, wie die Menschen ihren gemeinsamen Selbstmord vorbereiten und bis in die kleinsten Einzelheiten ausklügeln konnten. Man bedenke: innert weniger Stunden können die bereitgestellten Atomwaffen den gesamten Planeten für tausende von Jahren von jedem höheren Leben leerfegen. Es herrscht mehrhundertfacher Overkill, das heisst: jedes Land, die ganze Erde, kann mehrhundertfach ausradiert werden! Menschen, die einen solchen Wahnsinn planen und erst noch ausführen, sind entweder fürchterliche Verbrecher oder gehören schlicht ins Irrenhaus.

Leider sitzen diese Wahnsinnigen aber in Regierungen und Direktionszimmern der Wirtschaft und häufen Reichtum und Ehre fürs Vaterland und sich selbst. Das ist eine im wahrsten Sinne des Wortes tödliche Tatsache, wenn dann noch die Mächtigsten dieser Irren glauben, einen beschränkten Atomkrieg führen und «gewinnen» zu können. Jedem normal denkenden Menschen ist klar, dass im Kriegsfall jede Macht ihr gesamtes Waffenarsenal inklusive Atom- und Wasserstoffbomben brauchen wird, bevor sie als Verlierer dasteht. Jedem einigermassen vernünftig denkenden Menschen ist ferner klar, dass bei einem zukünftigen Weltkrieg keine Sieger werden feiern können, da es keine Sieger geben wird. Falls es überhaupt Überlebende gäbe, wären sie alle ausnahmslos, in West und Ost, Verlierer, denn ihre Lebensbasis Erde, Wasser, Luft und Sonneneinstrahlung wäre durch Strahlung aller Art zerstört. Dies wissen die Machthaber dieser Erde genauso gut wie jene verantwortungslosen Wissenschaftler, die den Militärs diese furchtbaren Waffen in die Hand gegeben haben.

Mit erschreckender Kälte wird von diesen Leuten mit Millionen von Toten gerechnet und in Planspielen durchexerziert. Mit Achselzucken werden Verlustzahlen von bis zu 66 % der gesamten Erdbevölkerung für den ersten Schlagabtausch bekannt gegeben. Für weitere Schläge sei man gerüstet. Mit grösster Frechheit wird also unser aller vorzeitiges Ableben geplant.

Nach neuestem schweizerischem Gesetz müssten alle Regierungen der Grossmächte wegen Planung und Bereitstellung von Atomterror vor Gericht gestellt werden, denn sämtliche Weltbürger werden von diesem Wahnsinn direkt bedroht und terrorisiert. Und immer noch wächst der Vorrat von Atom- und Wasserstoffbomben endlos, immer noch werden mehrere (in den USA 3-5) Sprengköpfe im Megatonnenbereich jeden Tag hergestellt. Wozu das alles? Was hat es für einen Sinn, den sogenannten «Feind» und Mitmenschen und dazu noch sich selbst anstatt 500 mal 1000 mal vernichten zu können? Reicht denn einmal ausgelöscht nicht, wenn's denn schon sein muss?

Wenn ich solche Fragen an hohe Militärs und Politiker richte, bekomme ich durchwegs Antworten, die man nur als kindisch oder erschreckend bezeichnen kann. Da bekommt man zu hören: «die Anderen haben angefangen», «wir müssen einfach gleich viele Megatonnen haben, sonst sind wir verloren», «das müssen Sie schon den Spezialisten von Militär, Wissenschaft und Politik überlassen», «das können wir nicht beeinflussen, das verstehen sie halt nicht», u.s.w. Bei reiflicher Überlegung komme ich immer wieder zu nur zwei Möglichkeiten:

1. Sie (die Mächtigen) wissen nicht, was sie tun!

2. Wenn sie wissen, was sie tun, sind sie entweder
   verrückt oder dann Verbrecher.

Diese Tatsachen haben zu einem Wahnsinnsrisiko geführt. Von den rund 100t waffenfähigen Plutonium allein des Westens (plus ca. 3t neu jährlich) und den ca. 700t hochangereichertem ebenfalls waffenfähigen Uran sind ca. drei Kilo Plutonium und ca.1t Uran statistisch nicht erfassbar. Diese Mengen können irgendwo am schwarzen Markt auftauchen. Tatsache ist, dass zum Beispiel Libyen sich solche Stoffe sichern will oder schon gesichert hat. Man stelle sich den palästinensischen Studenten an der Sorbonne vor, der seinem Volke zuhanden Arafats ein paar Atomsprengköpfe aus solchem «schwarzem» Spaltmaterial herstellt. Eines Tages gerät die PLO unter Druck seitens Israel und wehrt sich zum Beispiel mit der Ausradierung von Tel Aviv. Die Israelis schlagen zurück (oder vielleicht auch zu): Libanon und Syrien gibt es nicht mehr! Jetzt geht's los: die arabischen Staaten verbünden sich mit den Sowjets durch Ölverträge (USA erhalten nichts - Sowjets alles): Israel gibt es auch nicht mehr! Nun sind die USA in höchster Bedrängnis (das Öl vom Golf ist lebenswichtig für die USA): Mr. President glaubt einen Atomkrieg gewinnen zu können und versucht dies auch zu beweisen. Resultat: die Erde trägt für Zig-tausend Jahre keinerlei höher entwickeltes Leben mehr.

Dies ist der «schnelle Weg», von dem es Dutzende von Versionen gibt. Die Liste der möglichen zufälligen Auslösungen eines atomaren Weltkrieges ist lang. Sie reicht von der oben beschriebenen Szene bis zum defekten Mikroprozessor, geistig Kranken in einer wichtigen Kontrollstelle, oder zum Unfall mit einem nuklearen Sprengkopf, der aussieht wie ein Angriff einer Grossmacht. Von der Bevölkerung der Erde werden diese Verhältnisse gezwungenermassen verdrängt, da niemand mit einer solchen Bedrohung zufrieden leben kann.

Wie der allgegenwärtige Atom-Terror gebannt werden könnte, werde ich versuchen im Abschnitt «Militär und Politik» darzulegen, denn so wie die Lage zurzeit ist, darf sie nicht bleiben!

Der langsame Weg

Der Ausdruck «langsam» ist im Zusammenhang mit der Umwelt selbstverständlich sehr relativ. Wenn man Zeiträume der natürlichen Veränderungen in unserer Welt betrachtet, muss man mit Jahrtausenden rechnen. Im Vergleich dazu, ist die Geschwindigkeit der Veränderungen durch Technik und Wirtschaft (oder allgemeiner, durch den Menschen) heute immer noch rasend schnell. Hier sind es nur noch Jahrzehnte, in denen grundlegende und vielleicht tödliche Veränderungen völlig unkontrolliert stattfinden. Immerhin bleibt uns Menschen noch eine knappe Spanne Zeit, nämlich eben einige Jahrzehnte, in der wir versuchen können, das Schlimmste zu verhüten und sogar Verbesserungen der Bedingungen zu planen.

Da Jahrzehnte für ein kurzes Menschenleben eben doch eine lange Zeit darstellen, nenne ich diejenigen Einflüsse, die nichts mit Atomkrieg zu tun haben, den «langsamen Weg» zur Zerstörung unserer Lebensgrundlagen. Dass auch dieser zu äusserst gefährlichen Veränderungen führt und schon geführt hat, ist wohl jedem einigermassen bewusst lebenden Menschen klar. Ich verzichte daher auf Einzelheiten auch hier und verweise auf die angeführten Schriften und Veröffentlichungen, sowie auf die später folgenden Kapitel dieses Büchleins.

Grundsätzlich lassen sich vier Hauptprobleme nennen:

Das Wasser der Erde und dessen Kreislauf ist stark gefährdet. Die Meere sterben. Der Süsswasserkreislauf wird immer saurer. In Schweden sind die Edelfische in den Seen am Aussterben. In der Schweiz erfüllt Regenwasser nicht mehr die gesundheitspolizeilichen Vorschriften für Trinkwasser. In ganz Europa ist das Grundwasser gefährdet, da die als Filter wirkenden Bodenschichten bis auf das Grundwasser hinab verschmutzt sind. Die grösseren Flüsse überall in der industrialisierten Welt sind mehrheitlich tot und oft chemische Flüssigkeiten und kein Wasser mehr.

Die Erde, hier vor allem der unentbehrliche Humus, stirbt ebenfalls durch Chemie der Menschen, besonders durch Kunstdünger, Pflanzengifte, Pilzgifte, Insektengifte und zahlreiche andere Verschmutzungen. Auch haben mechanische Einwirkungen grosse Schäden bewirkt. Das sind vor allem Überbauung, Tagbau von Bodenschätzen, Rodung von Wäldern mit nachfolgender Wüstenbildung und Anbau von riesigen Monokulturen mit Verarmung der Böden und Reduzierung der Artenvielfalt.

Auch **die Luft** wird weltweit gefährlich verändert durch chemische künstliche Stoffe wie Abgase, Schwermetallverbindungen, Staub etc. Praktisch alle Industrieländer in Europa haben seit Jahren ein Sauerstoffdefizit, das heisst es wird mehr Sauerstoff verbraucht als durch die Pflanzen erzeugt wird. Das ist weltweit der Fall und wird durch die Ausrottung und den Kahlschlag grosser Tropenwälder noch beschleunigt.

Die Sonneneinstrahlung und überhaupt der gesamte Strahlungs- und Wärmeeinfall auf der Erde verändert sich viel zu schnell. Der Aufbau der Lufthülle als Filterschicht wird gestört, was nicht absehbare, aber möglicherweise verheerende Folgen habe könnte, wie z.B.: Hebung des Meeresspiegels, riesige Überschwemmungen durch Abschmelzen der Gletscher, Veränderungen der ganzen Pflanzenwelt und aller lebenden Materie überhaupt durch neue Strahlung infolge neuer Filterwirkung der geänderten Lufthülle.

Ich stelle fest, dass die Grundlagen des Lebens ganz umfassend gestört werden. Die natürlichen Kreisläufe und Rhythmen werden unterbrochen und Zusammenhänge aufgelöst. Das unendlich fein gesponnene Netz der Natur, in das auch wir Menschen einbezogen sind, wird allzu schnell zerrissen. Schon unsere Kinder und Enkel werden die Auswirkungen dieser Tatsache mit grösster Härte zu spüren bekommen. Wenn spätere Generationen auch noch menschenwürdig leben sollen, müssen wir in den Industrieländern der ganzen Welt ab sofort einschneidende Änderungen in unseren Denk- und Lebensweisen einführen.

Ursachen

Um überhaupt zu Lösungen und Vorstellungen zu gelangen, wie denn diese Denk- und Lebensweisen aussehen sollten, müssen wir zuerst verstehen, wie es zur heutigen bedrohlichen Lage kommen konnte. Woran liegt denn der Unterschied zwischen vergangenen Kulturen und der «modern» genannten Heutigen? (modern auf der zweiten Silbe betont). Was hat den modernen Menschen dazu gebracht seines Planeten Vernichtung zu planen?

Hier sehe ich vor allem das menschliche Bewusstsein oder Selbstbewusstsein, das sich falsch oder zu wenig umfassend entwickelt hat. Unsere Vorfahren waren sich ihrer Stellung in ihrer Umwelt viel stärker bewusst. Jene Menschen lebten als Teil der Natur und wussten, dass sie sich den Kreisläufen, Rhythmen und Gesetzen der Natur anpassen und unterordnen mussten. Daher lebten sie innerhalb von Grenzen und Ordnungen, die als ewig gültig, menschengerecht und daher vernünftig empfunden wurden. Veränderungen wurden nur in diesem Rahmen unternommen und durch «Weise», meistens Priester oder Herrscher, kontrolliert und gesteuert. Diese Weisen wussten vom «Wunder der Natur», vom «Geist in allen Dingen», vom «höchsten Ordnungsprinzip» oder wie auch immer man die Schöpfung und ihren Grundgehalt nennen will. Heute würde man in religiösen Ländern von «Gott» sprechen, während in nichtreligiösen Staaten etwa von einem «Evolutionsprinzip» oder ähnlichen Umschreibungen zu hören wäre. Trotz oder vielleicht sogar gerade wegen ihrem Wissen um die Natur und deren Bedeutung, sowie der Anerkennung der durch diese Natur gebildeten Grenzen, schafften jene Vorfahren gewaltige technische Werke. Die Menschen jener Kulturen bewegten 50t schwere Steinblöcke hunderte Meter in die Höhe, bauten die Pyramiden so genau, dass Fachleute nicht wissen wie, was auch für die Mauern aus 30t schweren Blöcken mit Millimeterfugen in Südamerika gilt. Dazu kannten sie die Gestirne und ihren Lauf ebenso genau, wie die neuesten Kalender sie angeben. Bei den meisten dieser technischen Leistungen wissen unsere Spezialisten nicht, wie sie überhaupt möglich waren. Sie sind mit unserem rein materiellen Weltbild nicht erklärbar. Aus den damaligen naturorientierten Kulturen entstanden also Wissen und Fähigkeiten, die für unsere materialistischen Wissenschaftler längst verloren sind und von diesen kurzerhand geleugnet werden.

Deswegen sieht es auf unserer Welt heute so aus: eine vorwiegend materialistische, ungeistige Weltanschauung hat sich ausgebreitet. Die Mächtigen dieser Welt wissen nichts mehr von Einklang mit der Natur und Anpassung an die Umwelt. Sie sind nicht mehr Weise, sondern eben Unwissende. Sie machen in ihrem einseitigen seelen- und geistlosen Materialwahn den absurden Versuch, die Natur zu beherrschen und sind gerade wegen dieser Einseitigkeit viel zu unwissend dazu. In tödlicher Überheblichkeit versucht man, der Natur eine neue, künstliche Ordnung des Menschen aufzuzwingen, anstatt von der Umwelt zu lernen und mit ihr in Frieden zu leben.

So konnte es dann zur grössten aller Dummheiten, der Nukleartechnik kommen, zu dem untauglichen Versuch, auf der Erde künstliche Sonnen (Kernverschmelzung) zu erzeugen. Dabei hat uns die Natur in der realen und ewig vorhandenen Sonne eine unerschöpfliche, billige, sofort nutzbare Energiequelle bereitgestellt, die dazu noch gerecht auf der ganzen Welt verteilt ist!

Der sogenannt moderne Mensch betrachtet sogar sich selbst als nur materiell bestehend, denkt sich als chemisches Werk mit Pumpe, Röhren, Filtern, Ventilator und Rechner. Dabei vergisst er völlig, dass jeder Computer ein Programm braucht, eine schöpferische Idee, um erst einen Sinn zu bekommen und funktionieren zu können. Durch diese seelen- und geistlose und daher unmenschliche Betrachtungsweise sind wir alle verbildet und blind geworden, unfähig zu erkennen, was der Mensch eigentlich ist und wie er sich entwickeln sollte. Die Wertvorstellungen haben sich verschoben, es werden nur noch materielle Massstäbe angewendet. So gelten schöpferisches Tun, Spiel, Musse, Kunst ohne Verdienstzweck überall als «wertlos». Erich Fromm hat dies unerhört klar und deutlich in seinen Büchern **Haben oder Sein**[17] beschrieben. Die ganze Weltbevölkerung lebt heute im Haben-Modus, was zu folgendem Wahnsinnsresultat geführt hat:

DIE MENSCHHEIT BEGEHT KOLLEKTIV-SELBST-MORD, WEIL DIES AM BESTEN RENTIERT !

Dies ist die kürzeste Zusammenfassung des Kapitels Ursachen und sollte jedem Machtausübenden als nicht annehmbar ins Bewusstsein gehämmert werden.

Lösungsvorschläge

Die Lösung aller uns bekannter Probleme kann nur beim Bewusstsein beginnen. Denn nur etwas, das uns bewusst ist und also erfasst und begriffen wurde, kann durch Willen und Handlung gezielt verändert werden.

Es ist ein sehr schwieriges Unternehmen, dem heutigen Menschen seine Lage in seiner Umwelt bewusst zu machen. Der moderne technische Mensch der Industriestaaten in Ost und West versteht die Sprache der Natur nicht mehr. Längst gelten Gefühle, Empfindungen und Ahnungen aller Art als nicht verwendbar, da sie nicht vernünftig seien. Wir haben diese Seite unseres Daseins aus unseren Verhaltensweisen getilgt, und meinen noch allen Ernstes, dies sei vernünftig. Mir scheint es jedoch höchst unvernünftig, freiwillig auf einen Drittel dessen zu verzichten, was uns erst zu ganzen Menschen macht. Kopf und Hand gelten alles, das Herz wird verleugnet. Oder anders gesagt: Intellekt und Körper werden hochgejubelt, während die Seele verkümmert. Daher versteht der eigentlich kranke, da teilweise seelisch verkümmerte heutige Mensch nur noch kalte Logik und begreift nur noch physikalische Zusammenhänge. Aber vom Herzen, von der Seele und von Ethik und Moral, eben jenen Qualitäten, die uns aus biologischen Maschinen zu lebendigen Menschen erst machen, weiss er nichts mehr. Gäbe es noch den ganzen Menschen mit Körper, Geist und Seele, würde es ja genügen, zum Beispiel den zehn Geboten der Bibel nachzuleben und dazu mehr zu «sein» als zu «haben». Wir könnten dann ohne Bedrohung in Frieden leben und hätten genügend Zeit, unseren Weg zu suchen und auch zu finden, sowie die grossen Fragen nach dem Woher, Wohin und dem Sinn des Lebens zu beantworten.

Nun stammen die genannten Begriffe aus dem seelischen und geistigen Bereich von Ethik und Moral, wovon heutzutage leider kaum jemand in Regierungen, Wirtschaft und Wissenschaft etwas hören will. Das ist auch gar nicht anders möglich, kann man doch eine Fremdsprache, die man nicht lernen will, eben nicht verstehen! Als moderner Zeitgenosse ist man heute gezwungen, Ideen und Lösungsversuche mit materiellen, technischen und logischen Argumenten zu begründen, damit man überhaupt verstanden wird.

Dazu ein Beispiel: wenn ich einem modernen Menschen zeige, wie man mit der Wünschelrute oder dem Pendel[18] im Erdboden Wasser finden kann, wird dieser Vorgang als Hokuspokus belächelt. Zeige ich denselben Vorgang jedoch mit einem UKW-Feldmessgerät anstelle der Wünschelrute, so wird das in beiden Fällen gleiche Ergebnis sofort angenommen. Oder denken wir an jene alten Hopi-Indianer, die seit Urzeiten mit ihren Maispflänzchen sprechen und sie beschwören, sodass sie an Orten wachsen, wo eigentlich nach unserem Wissen nichts wachsen dürfte. Solche Vorgänge und Riten werden als heidnischer nutzloser Zauber belächelt und abgetan. Wenn hingegen Dr. A. Smith, Professor für experimentelle Physik am MIT mit jahrelangen Versuchen nachweist, dass Pflanzen ihre Wachstumsgeschwindigkeit und den elektrischen Widerstand ändern, wenn man sich mit ihnen auch nur in Gedanken (!) unterhält, dann wird dies als der letzte Schrei der Erkenntnis gefeiert. Die Hopis und alle Naturvölker dieser Erde wussten jedoch schon vor zigtausend Jahren von dieser Kraft des Geistes. Für uns ist es aber undenkbar, einem Bauern zu empfehlen, mit seinem Getreide zu sprechen, anstatt Gift zu spritzen. (Wahrscheinlich würde er sich in «Grund und Boden» schämen, wenn er die Antwort der Pflanzen verstehen könnte).

Solche Beispiele gibt es natürlich jede Menge, doch sollten diese beiden zur Verdeutlichung des Problems genügen.

Ganz grundsätzlich müsste bei der Mehrheit der wohlhabenden Menschen das Bewusstsein und die Erkenntnis geweckt werden, dass das eigentlich Menschliche die Seele, das Geistige ist. Wir müssen erkennen, dass die unsinnig überbewertete logische Intelligenz zusammen mit dem egoistischen materiellen Denken die Basis unseres Daseins zerstört. Dagegen wird die seelisch-geistige Seite des Menschen zum Verständnis der Natur, wie auch von ihm selbst führen können. Denn es ist die Seele, die einzig fähig ist, Antwort auf die grossen Fragen unserer Zeit zu geben. In unserer Seele spüren wir, was gut oder böse, lebendig oder tot, menschlich oder unmenschlich und natürlich oder unnatürlich ist. Wenn eine Mehrheit von Erdenbürgern sich dieses Wissen, diese Weisheit wieder bewusst machen kann, wird es nur noch Machtausübende geben, die ihre Verantwortung für die Menschen wahrnehmen und ihre Pflicht weise so erfüllen, dass das Überleben der Gattung Mensch nicht gefährdet wird.

Künftige Machthaber müssen zum Beispiel die gesamten Wirtschaftsrechnungen unter Einbezug von Umweltschäden aufstellen. Es müssen also Kosten für die Wiederherstellung von Basisgütern in die Rechnung einfliessen. Rendite darf nicht mehr mit Umwelt- oder Basisgüterzerstörung erkauft werden. Das Verursacherprinzip muss radikal durchgesetzt werden. Die Erhaltung der Natur hat in unser aller Interesse an erster Stelle zu stehen. Unser ganzes Leben mit Ernährung, Kleidung, Wohnung, Verkehr, Energie, Heilwesen, Wissenschaft und Bildung, Medien, Politik etc., um nur ein paar Stichworte zu nennen, muss so in Kreisläufe und Systeme der Natur eingegliedert werden, dass die Basislebensgüter Wasser, Luft, Erde und Sonnenenergie sich selbst reinigen und erhalten können.

Wir alle sollten einen einzigen «grünen» Verband weltweit gründen, dessen Grundsatz die oben genannte Erhaltung der Basislebensgüter sein müsste. Eine solche Zielsetzung ist für alle auf der Erde lebenden Menschen vernünftig und erstrebenswert, ausgenommen für akute Selbstmörder, und kann daher alle Menschen sämtlicher religiösen und politischen Richtungen vereinen.

Um so etwas zu erreichen, müssen wir als erstes erkennen, dass unsere Welt eine Begrenzte ist. Boden, Wasser, Luft und Energie und alle übrigen Lebensgrundlagen sind nur begrenzt verfügbar. Also muss die Anzahl Menschen begrenzt werden, oder die Lebensbasisgüter müssen auf die vorhandenen Menschen aufgeteilt und für den Einzelnen begrenzt werden. Das grösste Problem der Erde, die Bevölkerungsexplosion, muss mit menschenwürdigen Mitteln schnell gestoppt werden. Dies betrifft vor allem die Entwicklungsgebiete der nichtindustrialisierten Staaten. In den Industriestaaten in Ost und West ist das Bevölkerungswachstum sehr klein, also muss hier logischerweise das Wachstum auf der Verbrauchsseite der Basislebensgüter gestoppt werden.

Hier ist also die Rede von Werten wie: gesamte Wasserverschmutzung pro Kopf pro Jahr, gesamter Sauerstoffverbrauch oder Luftverschmutzung pro Kopf pro Jahr, gesamter Energieverbrauch aus nicht erneuerbaren Quellen pro Kopf pro Jahr, Anspruch auf Bodennutzung und Veränderung pro Kopf. Hier ist natürlich im Begriff «pro Kopf» immer auch enthalten, was von der ganzen Gesellschaft verbraucht oder verändert wird durch Wirtschaft und Industrie, Forschung und Wissenschaft mit all deren Teilbereichen. Sämtliche benötigten Daten sind bereits vorhanden und könnten mittels der modernen Datenverarbeitung zur Erhaltung des Lebens genutzt werden. Aufgrund von Studien wie z. B. *Global 2000*[13] der USA oder der Wissenschaftler des *Club of Rome*[12] und sämtlicher Forschungsanstalten der Welt, muss für jedes Land und seine spezifischen Verhältnisse ein Gesamtverbrauch für Basislebensgüter festgesetzt werden. Dieser müsste sicherstellen, dass sich Erde, Luft, Wasser und Sonneneinstrahlung nicht mehr verändern. Dazu ist jede Technik weiter zu entwickeln, um die Kreisläufe der Natur zu erhalten und wo nötig wiederherzustellen. Wir müssen lernen, auf den Raubbau an den Vorräten unseres Planeten zu verzichten und dafür ausschliesslich geschlossene Kreisläufe mit Wiederverwertung einführen.

Ausgangspunkt aller dieser Forderungen an die Zukunft bildet eine Bewusstseinsänderung bei allen Beteiligten, also allen Menschen überhaupt. Diese Änderung betrifft vor allem unsere Wertvorstellungen und Wertmassstäbe. Auch der letzte Mitmensch muss endlich merken, dass das Ziel und der Zweck nur das Leben selbst und sein Ursprung, die Natur, sein kann und darf. Alle die von uns so sehr verehrten Dinge wie Technik, Handel und Wirtschaft, Energie, Politik und sämtliche Konsumgüter etc. sind ausschliesslich Mittel zum Zweck des Lebens, und keine Ziele an und für sich.

Solche Mittel zur Verwirklichung des Zieles «Leben», sind jederzeit veränderbar und dürfen auch jederzeit infrage gestellt werden. Diese ausserordentlich wichtige Unterscheidung zwischen Mittel zum Zweck und einem Ziel wird von den meisten Mächtigen unserer Erde nicht begriffen oder dann bewusst nicht gemacht. So sind zum Beispiel die Mittel «Wirtschaftswachstum» oder «Militär» (Krieg) oder «Staat» oder «Technik» und viele andere heilige Kühe, die nicht angetastet werden dürfen, selbst wenn wir dabei allesamt draufgehen!

Der Mensch und seine Lebensgrundlage ist immer wichtiger, als jene Dinge, die eben nur Mittel zum Zwecke der Lebensgestaltung sind. Das Ziel «Leben» muss also logischerweise immer Vorrang vor den Mitteln haben. Diese müssen so gestaltet werden, dass sie uns zu einem menschenwürdigen Dasein, zum Ziel «Leben» bringen.

Sehen wir uns nun ein paar solcher Mittel zum Zweck an. Sie werden gleichzeitig auch die Überschriften der folgenden Kapitel sein. Die Reihenfolge wird vom einzelnen Menschen her beginnend nach aussen hin fortgesetzt.

In diesen Kapiteln werden vorerst grundsätzliche Gedanken festgehalten, während die daraus sich ergebenden Haltungen, Handlungen und Verhaltensweisen, also die praktischen Auswirkungen anschliessend betrachtet werden sollen.

Ernährung

Sich ernähren heisst: die Grundlage schaffen für alle sonstigen Tätigkeiten, die wir in ihrer Gesamtheit «leben» nennen. Es gibt kein Leben ohne Stoffwechsel, das heisst

Nahrung, deshalb müssen wir uns eingehender damit befassen, als dies in unserer verrückten Steh-schnell-frass-Ecken-Zeit (Fast-Food-Corner) allgemein üblich ist. Auch in diesem Bereich stelle ich fest, dass die vorherrschende materialistische Einstellung zum Leben sich verheerend auswirkt. Ernährt wird in den Industriestaaten nur noch der Körper mit technisch verfälschten und entwerteten Produkten. Das sieht man sehr gut an der unsinnigen Kalorien-Rechnerei, die nur die Menge der zugeführten Energie darstellt, aber völlig missachtet ob diese Energie in hochwertiger Form oder als krankmachendes ver-raffiniertes Produkt eingenommen wird. Schon bei den Produzenten (früher Landwirt genannt), wird auf immer weniger Land immer mehr produziert, bei immer höheren «Gaben» von Kunstdünger, Pestiziden, Fungiziden, Herbiziden und anderen Natur-Bekämpfungsmitteln. Der heutige Bauer ist ein Chemie-Krieger und Bodenzerstörer, und die wenigen Ausnahmen, die Bio-Bauern, werden als Spinner und Querulanten belächelt. Diese werden es jedoch sein, die der Art Mensch zum Überleben verhilft, wenn überhaupt jemand. Es wird leider nur noch technologisch und nicht mehr biologisch gedacht und gearbeitet, weil eben eine möglichst gewinnbringende Erzeugung von Nahrungsmitteln als Ziel genommen wird. Das Ziel muss jedoch eine möglichst lebensgerechte und umweltschonende Erzeugung von biologischen Lebensmitteln sein, wie das vor noch nicht einmal 30 Jahren üblich war. Mit einer solchen Landwirtschaft könnte man die riesigen Überproduktionen, Verwertungskosten und Heilungskosten für Zivilisationskrankheiten vermeiden und gleichzeitig Boden und Wasser schonen. Damit würde auch die Qualität (=biologisch=lebensgerecht) höher gewertet als die heute allein zählende Quantität, die bei uns Überernährung auf Kosten ärmerer Menschen bedeutet. In der Schweiz und allen industrialisierten Ländern werden weltweit jedes Jahr viele der gekauften Lebensmittel ungenutzt weggeworfen. Lebensgerecht essen heisst auch, den Jahreszeiten und anderen natürlichen Rhythmen gemäss essen. Wir sollten wenn immer möglich lokal erzeugte Produkte der Saison verwenden um Transporte zu minimieren.

Unser Familie hat zum Beispiel ein Abonnement eines Bauern für biodynamische Produkte (Demeter-Label), welcher Ende Jahr seinen Kunden eine Bestellliste abgibt, wo man die für das kommende Jahr gewünschten Produkte (Milch, Eier, Getreide, Gemüse, Früchte, Fleisch) einträgt. Der Bauer zählt die bestellten Mengen zusammen und produziert, was bestellt wurde. Er hat also kein Absatzrisiko und ohne Zwischenhandel ein sicheres Einkommen, während die Konsumenten gesunde Lebensmittel essen und die Umwelt schützen.

Milliarden Menschen beten: «gib uns heute unser tägliches Brot», und nicht «gib uns heute unser tägliches Steak»! Der Genuss von Fleisch aus den heutigen Fleischfabriken und Mastbetrieben sollte eingeschränkt werden, da für die Erzeugung gleicher Energiewerte bis zu zehnmal so viel Boden gebraucht wird, wie für z.B. Getreide. Man könnte also mit Fleischverzicht global zehnmal mehr Menschen ernähren. Hunderttausende von Kindern und Menschen verhungern jedes Jahr, weil wir in der industrialisierten Welt «unser tägliches Steak» geniessen wollen.

Kleidung

Die Kleider sind die *zweite Haut* des Menschen. Also müssen die Materialien und Produkte der Kleidermacher auch Hautfunktionen erfüllen. Dies war bis vor wenigen Jahrzehnten noch durchwegs der Fall, da die zur Verfügung stehenden Materialien fast ausschliesslich Hautmaterialien von Tieren und Pflanzen waren. Der Mensch entwickelte sich in Pelzen, Häuten und Haaren von Tieren, sowie in Pflanzenfasern aller Art zu seiner heutigen Erscheinungsform und hat dabei seine körperlichen Reaktionen und Voraussetzungen ganz auf diese natürlichen Berührungs- und Schutzstoffe hin ausgerichtet. Die Bearbeitung und Verwertung dieser Stoffe zu Kleidern war mit wenig Energieverbrauch und hoher handwerklicher Qualität verbunden. Dazu waren die Kleider viel zweckdienlicher und bequemer und daher vernünftiger, als das bei unserer heutigen Mode der Fall ist.

Wie ist es denn heute? Heute wird ein grosser Teil der Kleider, die ja die intimste «Sache» des Menschen sind, aus Kunststoffen und durch Chemie zerstörten Naturstoffen hergestellt. Diese Kleider sind wegen ihrer nicht vorhandenen Hautfunktionen nicht lebensgerecht und sehr oft eigentliche Krankmacher. Was hier an giftigen Stoffen als Fasern, Farben, Veredlern, Ausrüstung, Imprägnierung usw. direkt auf unserem empfindlichsten Organ, der Haut, getragen wird, spottet jeder Beschreibung. Dass unsere Haut sich bestenfalls in Jahrtausenden an diese Gifte gewöhnen oder anpassen könnte, zeigen die verheerenden Zuwachsraten von Hautkrankheiten und Allergien aller Art, die darüber hinaus auch noch für einen gewichtigen Anteil der Kostenexplosion im Gesundheitswesen verantwortlich sind.

Ein neues Qualitätsbewusstsein tut auch hier Not. Unsere Kleidung soll nicht einengend (Bewegung), atmungsaktiv (Hautfunktionen), zweckdienlich (Arbeit, Freizeit, Sport etc.), der Umwelt angepasst (Jahreszeit, Wetter Standort etc.), hautfreundlich (Farben, Verarbeitung, Chemie), umweltschonend hergestellt (Energie, wieder verwertbar, abbaubar, eigene Produkte), also lebensgerecht (biologisch) sein. Selbstverständlich kann sie auch noch modisch sein, sofern die übrigen Forderungen erfüllt werden. Die Forschung zeigt klar: am besten erfüllen folgende Materialien alle Bedingungen: natürlich gegerbtes Leder, chemisch unbehandelte Wolle, ebensolche Seide, ebensolche Baumwolle, alle unbehandelten Pflanzenfasern und für spezielle Zwecke Kautschuk. Schlecht geeignet bis gefährlich sind alle Kunstfasern und Kunststoffe, da sie technologische und nicht biologische Produkte sind. Auch hier ist es dem Menschen nicht gelungen, die Qualität der Natur auch nur annähernd zu erreichen.

Wohnung, Haus, Bau

Das Haus ist die *dritte Haut* des Menschen. Alle Wände, Decken und Dächer müssen also Hautfunktionen ausüben, genau wie bei den Kleidern. Die Baumaterialien müssen dementsprechend gewählt werden. Z. B. sind alle Dampfsperren und Isolationen moderner Produktion sehr problematisch, weil man in solcherart dicht gemachten Behausungen allmählich in seinen eigenen Ausdünstungen erstickt. Auch die neuen Farben, Lasuren, Klebstoffe und Holzschutzmittel, sowie Verputze auf Kunstharzbasis vergiften unser Raumklima über Jahre hinweg und manch einer wundert sich, woher wohl seine Migräne im neuen Haus komme. Auf viele Störungen in Form von natürlichen Strahlungsfeldern (Wasseradern, geologische Verwerfungen, Magnetismus) und künstliche Wirkungen (Haustechnik, Starkstromleitungen, Industrie, Verkehr usw.) wird heutzutage keine Rücksicht genommen. Von Wirkungen einer Form oder von Farbe, sowie von harmonischen Verhältnissen und Winkeln auf den Menschen, hat der moderne Bautechniker oder Architekt meistens keine Ahnung. Damit wieder biologisch für Menschen und nicht nur technologisch für Profit gebaut wird, muss an jeder technischen Universität dringend ein Lehrstuhl für Baubiologie geschaffen werden.

Beim Bau unseres Hauses fand sich kein Architekt und schon gar kein Baumeister, der unseren Wunsch nach einem «Bio-Haus» verstanden hätte. So musste ich notgedrungen die Planung und Bauführung selbst übernehmen. Ich entschied mich für eine erdbebensichere japanische Ständerbauweise mit Rastermass 125cm (alter japanischer Standard: 2x Futon à 62,5 cm) und verschraubten Doppelbalken. So konnten Grundriss, Form (Dachneigung) und Zimmerverteilung frei gewählt werden und überdies Wände und Böden nachträglich verschoben, hinzugefügt oder weggenommen werden.

Eine grosse Hilfe war das Buch *Das gesunde Haus*[14] von Dr. Hubert Palm, welcher aufgrund wissenschaftlicher Versuche darstellen konnte, welche Materalien und Bedingungen bei Bauten gesund, neutral oder ungesund wirken.

Zu berücksichtigen sind dabei:

Standort:

Lärm, Starkstromleitung, Luftreinheit. Die Lage, wenn möglich Nord-Süd (Lichteinfall) und gemäss Typ der Bewohner (Adlerhorst oder Höhle im Tal). Grundwasser, Erdstrahlen, soziale Bedingungen wie Nachbarn, Schulen, Läden, Transportmöglichkeit, Distanzen.

Form:

Harmonische Verhältnisse (goldener Schnitt, 1:2), Grundrisse Fibonacci-reihe 3:5:8:13..., Dächer Winkel 120°, 72° (Pentagramm), 60°, 30°, kein Flachdach, ans Gelände angepasst, zweites Geschoss für Schlafräume mit kosmischen Kräften.

Materialien:

Haut-, organisches Material. Leben an der Grenze (Erdoberfläche) verlangt Grenz-Material wie Holz, Fasern, Pflanzenteile, Oberflächengesteine wie Lehm, Tone, Heilerde, Kalke. Gummi (Harz von Bäumen), Wolle, Seide, Quarzglas, gebrannter Kalk gegen Bakterien (geruchsbindend). Metalle nicht grossflächig (ausser Kupfer für Verkleidungen), Eisen für Feuerung, Quarz-Glas (lässt UV-Strahlung durch), Bio-Beton ohne Armierungsnetze. Keine Tiefengesteine (Strahlung, Radon), keine Kunstharze (PCB etc. «atmen» nicht, machen krank).

Farben,

Holzschutz natürliche Öle (Leinöl), Wasserglas, Naturharze, Pflanzenfarben (Pigmente). Alle Aussenteile mit eingefärbtem Leinöl behandelt.

Keller:

möglichst Mutterboden bewahren (gestampft). Kalksteinschüttung fürs Klima, Bio-Beton (Beimischungen Ton, gelöschter Kalk etc.), Mauern Kalksandstein, keine Eisennetze

(Faradayscher Käfig) also Streifenfundament. Kein Luftschutzkeller (nützt nichts bei modernen Kriegen).

Kellerdecke:
Hourdisziegel (Tonprodukt ohne Dampfsperre, gute Isolation, wärmer als Beton, wenig Eisen und Abschirmung).

Darauf: 5cm Holzwolleplatte (Heraklith, magnesiumgebunden), keine Dampfsperre, Korkschrotmatte (Trittschalldämmung).

Darauf Erdgeschoss Boden: Tonplatten unglasiert in 10cm Kalkmörtel verlegt (als Feuchtigkeitsspeicher). Schöne Farbe, heikel, macht aber Freude durch Lebensspuren.

Wände:
Holz (Harz -Geruch, abwaschbar, antibakteriell, warme Farbe und Tastung), Isolation Holzwolleplatten, Kokosfasermatten, innen Täfer (Ionisation der Luft), Dampfbremse Sisalkraftpapier (wo nötig), aussen Vormauerung Sichtbackstein (Wärme- oder Kältespeicher) oder Holzschalung.

Zwischenboden:
Holz-Riemen 40mm auf Sichtbalken, Kork(Trittschall),Parkett schwimmend (Wärme und Feuchtigkeitspuffer).

Dach:
Nut und Kamm Schalung auf Sichtbalken, Sisalkraftpapier Dampfbremse, Holzwolleplatten 10cm, Sisalkraftpapier wasserfest, Konterlattung (auf Balken durchgeschraubt) und Lattung für Ton-Ziegel (Kein Eternit, Asbest!), Dachvorsprünge Westen und Süden (Wetterschutz, Licht-Einstrahlungswinkel).

Fenster
Licht=Leben. UV- und Bioverglasung (Quarzglas ohne Beschichtung oder Verspiegelung, ergibt natürliche Farben, Solarium im Winter), Holzfensterrahmen, ganze Südwand verglast (Sonneneinstrahlung). Regulierung durch Lamellenstoren aussen (Kleine Rolladenkästen).

Spengler:
Kaminverkleidung, Dachrinnen und Fallrohre alles aus Kupfer (Venus-Metall). Nach Gold und Silber das edelste Metall, sehr dauerhaft.

Sanitär:

für Warmwasser Kupferrohre, für Kaltwasser Eisenrohre zentral geführt (Störzonen). Badezimmer und WC normale Keramik, Abwasser Kunststoffrohre (neben der Bodenheizung die einzigen eingebauten Kunststoffteile).

Heizung:

Stückholzheizung mit Zentralheizungsherd in der Küche und Speicher im Keller, Sitzkunst, Holzbackofen, Warmluftcheminée für Übergangszeit (alles zentral in Raummitte, wie indianisches Tipi), Bodenheizung im Erdgeschoss (Niedertemperatur, ev. Solaranlage), im oberen Geschoss Radiatoren (ebenfalls Niedertemperatur).

Elektrizität:

Alle Leitungen für Dauerverbraucher mit Bleimantel (Strahlung), 2 Netzfreischalter (verhindern nachts 50hz Spulenwirkung bei Ringleitungen), nur die nötigsten Elektrogeräte, kein Fernseher, kein Microgrill, kein Toaster, kein Steamer, keine Neonröhren, kein Tiefkühler, jedoch einige 380V Anschlüsse für Holzfräse, Häcksler etc.

Umgebung:

Naturgarten mit Gemüse, Früchten, Naturwiesen. Wege Naturstein (Fussmassage), Abstellflächen Asphalt oder Verbundsteine, Pflanzen und Bäume aus der Umgebung, keine Exoten, keine Bodenbedecker, kein Gift.

Nach der Kleidung ist uns die Wohnung am nächsten: unser nächster Umweltschutz!

Verkehr

Der moderne Mensch hat durch die Technik eine unerhört hohe Bewegungsfreiheit erlangt. Leider wird sehr oft übersehen, dass dafür ein hoher Preis bezahlt werden muss, nämlich durch die Verschmutzung unserer Atmosphäre und damit der Atemluft und des Lebens überhaupt. Über 40 % der gesamten Luftverschmutzung werden durch den Verkehr in seiner völlig unmenschlichen heutigen Form verursacht. Dies

muss sofort geändert werden. Es müssen alle Verbrennungs-
motoren entgiftet werden, und zwar heute und nicht erst,
wenn die Autolobby-Manager auch ihren chronischen Reiz-
husten bekommen und endlich merken, dass ein kranker
Mensch seinen Profit nicht geniessen kann. Die Verbren-
nungsmotoren sind kurzfristig durch andere Techniken zu er-
setzen, zum Beispiel durch Wasserstoff-, Sonnen-, Elektro-,
Magnet-, Ionen- und andere Triebwerke. Für diese soll endlich einmal die Forschung einsetzen, also das notwendige
Kapital gesprochen werden. Als weitere Sofortmassnahmen
sind der öffentliche Verkehr stärker auszubauen (Preisge-
staltung, Verfügbarkeit) und der Individualverkehr abzubauen (höhere Steuern). Strassen sollen keine mehr gebaut
werden, denn wer Strassen sät, wird Individualverkehr ern-
ten. Autos gehören nicht in die Stadt und nicht auf Kurzstre-
cken unter ¼ Stunden Fussmarsch. Geschwindigkeitslimiten
und Lärmvorschriften sind generell zu verschärfen.

Energie

Das Energieproblem unserer Zeit ist wohl das wichtigste
und brennendste aller Probleme der heutigen Menschheit.
Bereitstellung und Verbrauch der Energie heute sind in ver-
heerendem Masse umweltzerstörend und unwirtschaftlich
dazu. Aber immer noch werden mit riesigen Investitionen
äusserst problematische Verfahren vorangetrieben, so z. B.
Kernspaltung, Kernfusion, Kohlekraftwerke, Ölsände und Öl-
förderung auf immer tieferen Meeresböden und in immer un-
wirtschaftlicheren arktischen Zonen. Dabei wird wie überall
in der sogenannten harten Technik auf Einbezug von Umwelt
und Folgekosten (Atommüll, Stilllegung von verstrahlten
Atomwerken, Luftverschmutzung durch fossile Brennstoffe)
grosszügig verzichtet. «Nachfolgende Generationen werden
schon etwas finden, um diese Probleme zu lösen!» tönt es
dann von Managern und Politikern. Es ist mir unverständlich,

warum nicht schon lange die offensichtlich sich aufdrängende natürliche, saubere, gleichmässig verteilte, gratis anfallende, nicht von Machthabern manipulierbare und menschenwürdige Energiequelle **Sonne** angezapft wird.

Es ist so schnell wie möglich auf alle oben genannten Energieträger zu verzichten, da sie wegen zu grosser Kapitalkosten die Inflation anheizen, die Zentralisation und Machtkonzentration fördern, in einer begrenzten Welt unbegrenztes Wachstum verlangen und dazu noch sicherheitstechnische und gesellschaftliche Probleme von grösster Brisanz entfachen. Da wir Menschen den weisen Gebrauch von Macht und materiellen Gütern wie der Energie noch nicht gelernt haben, ist das Anstreben von mehr Energie in kurzer Zeit unvernünftiger und gefährlicher als die Beschränkung auf weniger Zuwachs, längerfristiger verteilt. Dazu kommt noch, dass wir zu wenig wissen von den Auswirkungen des Raubbaus an den fossilen Schätzen dieser Erde. Die Förderer der harten Öl-Atomtechnik spekulieren blind drauflos, auf Kosten unserer Nachfahren. Es muss auch hier gesagt werden: Technik, Energie und Handel sind nur Mittel zum Zweck eines angenehmen Lebens und daher jederzeit veränderbar und einzuschränken, wenn das Überleben der Menschheit dies erfordert. Da die Spezialisten mit ihrem Tunnelblick nicht fähig sind, solches zu erkennen, ist es Aufgabe aller Bürger der Erde, die notwendigen Entscheide und Massnahmen zu treffen oder zumindest zu verlangen. Die in diesem Bereich eingesetzten Mittel für Forschung und Wissenschaft betragen wenige Promille der Summen, die für z. B. so unsinnige Projekte wie die Kernfusion (künstliche Sonne!) eingesetzt werden. Dabei könnte mit sanfter Sonnenenergietechnik in wenigen Jahren viele Vorteile geschaffen werden, wie z.B.: Energieströme immer vorhanden und erneuerbar (man lebt sozusagen vom Einkommen, nicht vom Kapital), durch kleine Einheiten und Dezentralisierung höhere Versorgungssicherheit, einfache und verständliche Technik für jedermann, den Endverbrauchern angepasste Energieform (Wärme für Heizung, Strom für Motoren), Energiewert angepasst (Wirkungsgrad), Schaffung von Arbeitsplätzen (Forschung, Produktion, Installation, Unterhalt), Umweltschutz erfüllt, grössere Sicherheit durch Verteilung des Risikos, neue Technik und Märkte für die Wirtschaft, kleinerer Kapitalbedarf, tiefere und schneller erreichbare Kosten- Nutzenschwelle, Tradition für die Alten, Reformen für die Jungen, Rechte für kleinere Einheiten (Gemeinde, einzelne Bürger), Machtverhältnisse durchschaubar, usw. Diese lange Liste liesse sich noch beträchtlich ausbauen. Eine solche sanfte, umweltverträgliche Technik könnte von sämtlichen politischen und wirtschaftlichen Organisationen, unabhängig von Ideologien, befürwortet werden. Man muss sich fragen, welche Kräfte so etwas schon von allem Anfang an verhindern. Sicherlich sind dies die internationale Atomlobby und die weltweit verbreitete Blindheit unserer Manager an den Hebeln der Macht. Um eine Änderung der Situation einzuleiten müsste man zuerst: die Tarifpolitik für Energieverbrauch umkehren (je höher der Verbrauch desto teurer die Energieeinheit), die Preise auf lange Sicht unter Einbezug aller Umweltkosten berechnen (Öl und Atomstrom würden sehr viel teurer), Gesamtkosten (Kapitalbedarf) und Lebensdauer berücksichtigen, alle Subventionen aufheben, Multis und Kartelle verhindern, Verursacherprinzip für Umweltschäden (Ölpest, Strahlenunfälle) voll durchsetzen und Anregungen zur Sonnen-Nutzung schaffen (Steuersenkungen). längerfristig (Jahrzehnte) müssen Vorstellungen realisiert werden, die uns eine Energieversorgung ohne Veränderung der Umwelt gestatten. Solche Vorstellungen gibt es schon, (wie oben beschrieben) sie müssen nur umgesetzt werden.

<u>Schule, Wissenschaft und Forschung</u>

Jede Veränderung von gesellschaftlichen Verhaltensweisen und deren Wertmassstäben kann nur über die Kinder der Menschen erreicht werden. Daher liegt auf der Schule und den Pädagogen die riesige Verantwortung, für das Überleben der Menschheit auf längere Sicht zu sorgen. In diesem Sinne sind auch die Eltern Lehrer, nämlich in der wichtigsten aller Schulen, der Lebensschule zu Hause in Familien und Lebensgemeinschaften. Hier müssen alle Ideen und Ideale, die sich aus den Erfahrungen und dem Wissen Tausender von Generationen gebildet haben, im Hinblick auf eine friedliche und qualitätsbewusste Zukunft an die kommenden Bewohner dieses Planeten vermittelt werden. Darin muss die Erhaltung der Basis-Lebensgüter Erde, Wasser, Luft und Sonnenstrahlung den Vorrang vor allem Anderen erhalten. Dasselbe gilt im Prinzip auch für die Wissenschaft und die Forschung. Es ist höchste Zeit, dass mit dem völlig unsinnigen Postulat einer «wertfreien» Schule und «wertfreien» Wissenschaft endlich Schluss gemacht wird. Schule, Wissenschaft und Forschung sind keine unabhängigen Selbstzwecke, sondern eben nur Mittel zum Zweck. Das Ziel aller dieser Mittel ist einzig und allein die Erhaltung und Verbesserung des Daseins aller Menschen und deren Nachfahren! Die Wissenschaftler und Forscher müssen also durch eine wertvolle menschenbezogene Bildung befähigt werden, Projekte, die nicht dem genannten Ziel entsprechen, abzubrechen oder gar nicht erst anzustreben (z.B. Atom-Fusion). Unsere Bildungsstätten müssen verantwortungsbewusste und vernünftige Menschen erziehen und nicht machthungrige Intelligenzbestien und Fachidioten, die nur Hirn, aber kein Herz und keine Seele kennen. Hätten die Herren Teller und Co. (Väter der Wasserstoffbombe) ihre Verantwortung der Menschheit gegenüber wahrgenommen, müssten wir uns nicht mit dem hundertfachen Global-Tod auseinandersetzen. Dies ist das bisher eindrücklichste Beispiel, wohin eine wertfreie (sprich: wertlose) Forschung führen kann, nämlich zum sofortigen totalen Ende allen höheren Lebens auf diesem Planeten.

Solche menschenwürdigen und ganzheitlichen Schulen gibt es schon überall, nur müssen deren Erkenntnisse und Erfahrungen in die Staatsschulen einfliessen. Sämtliche Schulen müssten staatlich finanziert werden, um den Eltern die freie Wahl zu gewähren. Gäbe es ausschliesslich Erfahrungen und Schulen zum Beispiel im Sinne Rudolf Steiners *(Waldorfpädagogik)*[15] oder Maria Montessoris[27], wo nicht nur der Kopf, sondern in gleichem Umfang auch Herz und Hand als Ganzes gebildet werden, bräuchte man sich keine Sorgen um die Zukunft zu machen. Fachleute und Machthaber mit einer ganzheitlichen Bildung wären in der Lage, ihrer Verantwortung gegenüber den Mitmenschen gerecht zu werden und dafür zu sorgen, dass wenigstens die Grundlagen für das Weiterleben der Menschheit erhalten bleiben.

Medizin, Gesundheit

Das Problem ist klar. Es sind die modernen Zivilisationskrankheiten und Schäden, die wir nicht in den Griff bekommen und die uns Milliarden Franken kosten. Die chemische Industrie muss schliesslich rentieren. Unsere einseitige materialistische und nicht menschengemässe Bildung hat zur Folge, dass der Mensch von den «Medizinern» (nicht mehr Arzt und Heiler) als Maschine betrachtet wird. Mit grösster Unverschämtheit wird von den Symptombekämpfern in den Reparaturwerkstätten, genannt Spitäler, am «Chemiewerk» Mensch herumgeflickt, werden «Pumpe» und «Leitungen» ausgewechselt, «Computer» (Hirn, Nervenzentren) chemisch beeinflusst, und sogar Ersatzteillager (Organbanken) angelegt. Bereits werden Nobelpreise für das Herumpfuschen an der Erbmasse vergeben! Wir sind daran, die Einzigartigkeit jedes einzelnen Menschen manipulierbar zu machen und einige ahnungslose Spezialisten sind auch noch stolz darauf! Hätten wir Alle Eigenschaften, die man Gott zuschreibt, wäre hier keine Gefahr. Aber so sicher, wie die Atomkraft missbraucht wurde, wird auch die Gentechnik missbraucht werden (Klonierung)! Der Mensch ist ethisch und moralisch (noch) nicht fähig, diese Dinge vernünftig zu handhaben. Erst wenn wir die Biologie des Menschen begriffen haben, können wir uns daran wagen, deren Wirkungen zu beeinflussen. Mit der mechanistischen Erklärung des Menschen, wie sie die moderne Wissenschaft verlangt, werden wir die Erkenntnisse, die dazu nötig sind, nie erreichen. Wir werden blind und taub den grössten Unsinn begehen und dafür unsere Nachfahren büssen lassen.

Der Mensch ist ein dreiteiliges Wesen mit Körper (wollen), Seele (fühlen) und Geist (denken). Alle diese Bereiche und deren Zusammenspiel können erkranken. Wir müssen also weg von der technischen Gesundheitspflege (nur Körper) zu einer menschlichen Pflege, die mit Unterstützung und Hilfe des Arztes eine Selbstheilung des Kranken ermöglicht, wie dies z.B. in der alternativ (!) genannten Heilkunde der Fall ist. Anthroposophie (Weisheit vom Menschen), Homöopathie und diverse östliche Naturheilverfahren sind zum Teil seit Jahrtausenden wirksam, werden aber von den Grundversicherungen nicht bezahlt, da die Wirkungen nicht physikalisch chemisch (Doppelblindversuche!) nachweisbar seien.

Wieso übrigens der Placebo-Effekt nicht als Effekt (Wirkung) gilt, wird nicht erklärt. Die heute praktizierte «Kampf gegen ...» und «Anti»-Chemie-Medizin verunmöglicht durch das Abwürgen und Unterbrechen von Krankheitsabläufen eine Heilung geradezu, sie verschleppt und verdrängt die Krankheit einfach auf ein anderes Organ oder Gebiet. Wir müssen unseren Ärzten eine weniger technische Bildung vermitteln und dafür mehr und breiteres Allgemeinwissen und die Fähigkeit zum Erkennen von Zusammenhängen und Qualitäten betonen. Wir brauchen «Ganzheits-Heiler» und keine Symptombekämpfung. Wir brauchen Ärzte und keine «Medizyniker».

Handel und Wirtschaft

Die sogenannt freie Marktwirtschaft hat uns eine unmässige Lebensart und materiellen Wohlstand aufgedrängt, an dem wir nun zugrunde zu gehen scheinen. Es müssen dringend auch in diesem Bereich Wertmassstäbe, Lehrmeinungen und überlieferte Verhaltensweisen geändert und angepasst werden. Noch einige Jahrzehnte im gegenwärtigen Stil und wir ersticken buchstäblich im eigenen Dreck. Noch einmal muss mit aller Deutlichkeit festgehalten werden: Wirtschaft, egal welchen Systems, ist nur ein Mittel zum Erreichen eines menschenwürdigen Lebens und hat sich diesem unterzuordnen und anzupassen. Spätestens heute, wo Wirtschaft direkt unsere Lebensbasis vernichtet, muss die Form dieser Wirtschaft dringend so geändert werden, dass diese Basis erhalten bleibt. Dazu müssen viele heilige Kühe geschlachtet werden. Wachstum müsste endlich in eine vernünftige Balance überführt und es müsste an vielen Stellen gesundgeschrumpft werden. Unsere fehlgebildeten Wachstumsfanatiker (sprich Kaderleute) sollten endlich verstehen, dass Wachstum kein Ziel sein kann, sondern höchstens einer von vielen Wegen zu einem materiellen Ziel, das wir schon längstens passiert haben. Sämtliche Rechnungen der Wirtschaft müssen die verbrauchten Basisgütereinheiten enthalten und öffentlich bekannt gemacht werden. Das Wissen um Technik und Zusammenhänge muss endlich dazu verwendet werden, die gebrochenen Kreisläufe der Natur mit eben dieser Technik wieder zu schliessen. Dies ist für uns alle lebenswichtig, und bringt nicht nur Lebensqualität, sondern kann durchaus auch nach gewinnorientierten Normen rentieren. Die bisher geübte Praxis, durch den Gratisverbrauch von Lebensgütern (für den wir dann alle und vor allem unsere Nachfahren mit der Gesundheit bezahlen) die finanzielle Rendite zu gewährleisten, muss sofort aufhören. Der Energieverbrauch ist drastisch zu senken und nur erneuerbare Energieformen (Sonne, Wasser, Wind) sind zu fördern. Zentralistische Grosstechnik ist eigendynamisch und unkontrollierbar und daher abzubauen. Energie und Rohstoffe sind dort zu nutzen wo sie vorhanden sind (Transportkosten), also ebenfalls dezentralisiert. Entscheide über Technik und Grösse der Industrie sind von den direkt Involvierten nicht industriegemäss sondern menschengemäss zu treffen. Wirtschafts- und

Industriesysteme sind schliesslich für die Menschen da und haben sich deren Bedürfnissen anzupassen und niemals umgekehrt! Wenn die Auswirkungen solcher Systeme und deren Produkte auf die Natur und deren Bestandteil Mensch nicht klar und deutlich einsehbar sind (Atom- und Gentechnik, Chemie), ist auf die Fort- oder Einführung solcher Systeme zu verzichten. Wo hingegen eindeutig erwiesen ist, dass bestimmte Techniken direkt die Umwelt zerstören oder negativ verändern, muss dies als lebensfeindlich verboten, oder so gestaltet werden, dass sich die Zerstörungen in solchen Grenzen halten, die von der Natur toleriert werden können (Fossile Brennstoffe wie Kohle, Erdöl, Uran, Chemiegifte für Waffen und Landwirtschaft, Raubbau an Rohstoffen usw.).

Das viel zitierte Bruttosozialprodukt ist nun einmal kein vernünftiger Massstab für die Lebensqualität. Trotzdem wird von Seiten der Manager und Politiker ausschliesslich mit diesem Materialwert argumentiert, wenn herausgefunden werden soll, ob wir Menschen den richtigen Weg gewählt haben. Dabei wird sofort klar, wie unsinnig diese Argumentation ist, wird doch das BSP von jedem Unglück, Kranken, Verbrecher, Verschwender und Umweltzerstörer vergrössert! Dies ist natürlich völlig verkehrt, es müsste der Verbrauch von Luft, Wasser, Erde und Energie vom Bruttosozialprodukt abgezogen werden, ebenso wie die Kosten für Zivilisationskrankheiten, für jeden nicht notwendigen Konsum und vieles andere mehr. Dann ergäbe sich ein realistischeres Bild vom «Wohlstand» einer Gesellschaft. Zu diesem Wohlstand gehört nicht nur das Wohlhaben, sondern auch das Wohlsein. Wirtschaft und Handel haben dafür zu sorgen, dass beides, das Sein und das Haben in einem Verhältnis möglich wird, das eine optimale Lebensqualität ergibt.

Achtung!

Wohlsein (Gesundheit, Lebensfreude, Zukunft) ohne ***Wohlhaben*** ergibt <u>hohe</u> Lebensqualität!

Wohlhaben (materieller Besitz, Macht, Ansehen) ohne ***Wohlsein*** ergibt <u>keine</u> Lebensqualität!

Gegenwärtig wird in allen Industriestaaten der Erde einseitig das Wohlhaben mit dem Wohlsein erkauft, das heisst wir erhalten materiellen Besitz, Macht, Ansehen etc. und verlieren Gesundheit, Lebensfreude und die Zukunft. Dieser Zustand ist kein Wohlstand, sondern ein Missstand und ein Verbrechen unseren Nachfahren gegenüber. Diese Tatsache sollte jedem Menschen und vor allem den Machtausübenden in Industrie und Wirtschaft endlich einmal ins Bewusstsein dringen.

Politik und Militär

Politik ist die Kunst, das Zusammenleben von Menschen zu gestalten. Dies gilt für einzelne Menschen ebenso wie für Gruppen, Nationen, Rassen und Machtblöcke. Auf der Erde gibt es momentan (1982) zwei bestimmende Machtblöcke «Ost» und «West», die beide rein materialistische Systeme vertreten, sich aber erstaunlicherweise gegenseitig bekämpfen! Dies wird mittels militärischer Rüstung vor allem nuklearer Art versucht. Die Rüstung hat mittlerweile einen derart absurden Grad erreicht, dass eine direkte Auseinandersetzung auf einen Schlag die Hälfte aller Menschen töten würde. Die andere Hälfte müsste langsam elend zu Grunde gehen, da die Basis des Lebens für den nächsten paar tausend Jahre zerstört würde. Soviel steht wissenschaftlich zweifelsfrei fest. Jedem vernünftigen (oder einigermassen gesunden) Menschen ist also klar: wir können uns keinen Krieg der

Machtblöcke mehr leisten! Es würden unweigerlich alle verfügbaren Waffen eingesetzt. Nur hoffnungslose Wunschdenker glauben an die sogenannte konventionelle Kriegführung, oder an das «Gleichgewicht des Schreckens». Unter diesen Umständen hat sich der Krieg also selbst überlebt, ist ein Relikt aus alten Tagen! Leider haben die Führer der Machtblöcke noch nichts davon begriffen. Es ist offensichtlich, dass die Waffentechnik das Vorstellungsvermögen der Menschen überschritten hat. Da alle Führer aller Gruppen beteuern, dass sie den Frieden wollen, ist es nun Zeit, den Völkern den Frieden auch zu geben! Als Wichtigstes wäre zu tun:

Totale Abrüstung aller Kernwaffen und aller Armeen dieser Welt! Zivilisierung aller Militärpersonen aller Staaten! Schaffung einer Kontrollorganisation mit Mitgliedern aller Völker aus der UNO! Gleiche Rechte für alle Menschen! Abschaffung von Nationalismen aller Art!

Die enormen Milliarden von Dollars und Rubel, die durch Abschaffung des Krieges verfügbaren würden, könnten zur Wiederherstellung einer guten Lebensbasis für alle Menschen dieser Welt verwendet werden. Es bliebe noch genug, um den Frieden und die Selbstbestimmung für alle Völker zu gewährleisten. Es sind ja nur einige wenige Menschen, die wirklich Krieg wünschen und diese gelten nach heutigen Normen als krank, denn nur ein krankes Hirn kann den Untergang der Erde samt deren Bewohner wünschen. Wenn also praktisch die ganze Menschheit Frieden will und nie mehr Krieg, wieso werden dann bis zu 6 % der Staatshaushalte für völlig nutzlose Kriegsvorbereitungen ausgegeben? Dieses krasse Missverhältnis oder der Verhältnisblödsinn einiger weniger kranker Untergangspolitiker muss endlich nach dem Willen der gesamten Menschheit korrigiert werden, um den Frieden endlich Wirklichkeit werden zu lassen. Eigentlich kann sich kein Staat dieser Welt noch eine Rüstung und Militär leisten. Die sind ja völlig unproduktiv und lebensfeindlich und die einmal hergestellten Waffen und das Militärpersonal bringen nur riesige Kosten. Ein allfälliger Nutzen zeigte sich bisher erst im Kriegsfall, bei dem ein Krieg gewonnen und die Kosten der unterliegenden Nation abverlangt werden konnten. Ein solcher Nutzen fällt nun aber dahin, da in einem Nuklearkrieg keine Gewinner, sondern nur Verlierer möglich sind. In den industrialisierten Ländern kann man also sofort sämtliche Waffen und Truppen abschaffen und die Mittel anderweitig, zum Beispiel für Zivilschutz und bei Natur-Katastrophen verwenden. Niemand wird die riesigen Aufwendungen ohne Nutzen des Kriegsgewinns noch erbringen wollen. Es ist nicht zu begreifen, wie unsere Gesellschaften 6 % ihres BSP einfach zum Fenster hinauswerfen können, ohne dass dafür von den Steuerzahlern ein Gegenwert gefordert wird. Wenn Militär und Bewaffnung dann noch gegen den Willen der Menschen, gegen die Prinzipien der Wirtschaft und gegen die Urvernunft erfolgen, muss man sich fragen, was für Mächte solchen Unsinn durchsetzen können. Wenn man sich dazu noch vor Augen hält, dass das ganze Militärwesen mit allem Drum und Dran durch ein paar Staatsverträge und eine friedliche Haltung ersetzt werden könnte, wird die ganze Tragik-Komödie der weltweiten Militärpolitik offensichtlich.

Es ist eine riesige Verschwendung von Geist, Material, Umwelt und Lebensqualität!

Medien

Eigentlich wären die Medien aller Art dazu da, die Menschen miteinander zu verbinden und zu ermöglichen, dass zwischenmenschliche Kontakte und das Wissen um die Probleme und Bedingungen anderer Menschen überall bekannt würden. Darum heisst es ja «Medien», was Vermittlung bedeutet. Diese könnte das Verständnis und Mitgefühl für die Mitmenschen derart vertiefen oder wecken, dass auf Krieg und Gewalt verzichtet würde. Auch könnten Kultur, sowie herz- und geistvolle Menschenbildung angeregt und vermittelt werden. Medien müssten allgemein zum ethischen und moralischen Fortschritt der Menschheit beitragen.

Leider sind nicht die kleinsten Fortschritte in dieser Richtung festzustellen, im Gegenteil ist eine nicht mehr zu überbietende Missachtung der menschlichen Bedürfnisse offensichtlich.

Mit sensationslüsterner Darstellung von Verbrechen, Gewalt und Skandalen werden die Konsumenten darauf konditioniert, noch mehr Medien zu erwerben und zu «geniessen». Das Übel liegt, wie überall, in der Abhängigkeit der Medien von Geld und Umsatz. Deshalb sind wir alle dem massiven Beschuss mit Werbung ausgesetzt und zwar überall, im Fernsehen, Radio, Zeitung, Kino usw. Der Konsumterror wird unausweichlich auf jedermann ausgeübt. Dazu kommt eine derartige Flut von grösstenteils irrelevanten Informationen, dass niemand mehr zwischen wichtigen-unwichtigen, richtigen-falschen, wahren-unwahren, nützlichen-unnützen, ja, nicht einmal mehr zwischen guten und schlechten Nachrichten unterscheiden kann. Wenn dann der Rest des Medieninhaltes aus völlig blöden, irrealen und unwahren Serien und Sendungen besteht, kann man nur die Sinnlosigkeit der gegenwärtigen Medienlandschaft feststellen. Insbesondere bezüglich Fernsehen hat ja ein Forscher aus Amerika, Neil Postman, zu Recht festgestellt: *Wir amüsieren uns zu Tode*[19]!

Das wäre ja nicht so schlimm, wenn nicht die 24-Stunden-Bilderflut grundlegende kognitive Fähigkeiten verkümmern und darüber hinaus Wertmassstäbe und Sitten verkommen liessen.

Dreijährige Kinder in den USA glotzen durchschnittlich 4,5 Stunden pro Tag auf Bildschirme, anstatt die Welt zu erkunden und zu spielen. In den meisten Haushalten der USA läuft der Fernseher den ganzen Tag ununterbrochen, wodurch die Bewohner nicht selbst denken müssen und von den Problemen der Welt, wie auch der eigenen Misere abgelenkt werden. Kinder, wie auch Erwachsene werden so ruhiggestellt!

Dabei war das Ganze doch gedacht, die Menschen zu bilden und für die Mitmenschen und die Welt zu interessieren.

Immerhin gibt es noch die Printmedien, bei denen man sich über die Welt und alle politischen Richtungen orientieren kann, wenn man sich die Zeit dafür nimmt. Ob das in Zukunft noch möglich sein wird, darf bezweifelt werden, angesichts der jüngsten Entwicklungen drahtloser Übermittlungstechnik. Wenn jedermann mit einem Stöpsel im Ohr und einem Plattenspieler am Gurt mit starrem Blick durch die Gegend stolpert und dabei zuckt wie von regelmässigen Stromschlägen geschüttelt, dürfte es mit sozialer Interaktion bald vorbei sein.

Gesellschaftsfragen und Ideale

Hans Jonas hat in seinem Buch: *Das Prinzip Verantwortung*[20] 1979 in Anlehnung an Immanuel Kants «kategorischen» den «*ökologischen Imperativ*» formuliert:

«Handle so, dass die Wirkungen deiner Handlung verträglich sind mit der Permanenz echten menschlichen Lebens auf der Erde».

Hier nun eine Darstellung von 1996, wie eine überlebensfähige Welt gestaltet werden könnte. Ausgehend von den humanistischen Idealen der französischen Revolution 1798 und den drei hauptsächlichen Bereichen einer funktionierenden Gesellschaft, wird versucht, eine «Matrix», ein Schema zu erstellen, das auf einfache Weise eine grobe Zuordnung der Bereiche zu den Idealen ermöglicht. So etwas sollte eigentlich jeder Bürger und Politiker denken können. Nur Erkenntnis von Zusammenhängen und Wirkungen in menschlichen Gesellschaften wird ermöglichen, vernünftige Entscheide und Ziele anzustreben.

	Wirtschaft	Staat	Kultur
Freiheit	Kapitalismus	Anarchie	Entwicklung
	«Freier» Markt	Willkür	Vielfalt
	Umweltzerstörer	Faustrecht	Impulse
	Handels-Krieg	Unrecht	<u>Frieden</u>
Gleichheit	Kommunismus	Demokratie	Einheitsbrei
	Staatsmonopol	Rechtsstaat	Stillstand
	Planwirtschaft	Solidarität	Verlust
	Rel. «Frieden»	<u>Frieden</u>	Uniform
Brüderlichkeit	Sozialismus	Korruption	Zufall
	Assoziationen	Unrecht	Protektion
	Umweltschutz	Mafia	Kunstverfall
	<u>Frieden</u>	Klüngelei	Langeweile

Die Matrix ist Schnittpunkt waagrecht-senkrecht zu lesen, jedoch überlappen sich die Bereiche, wie überall, wo Menschen beteiligt sind. Man muss also *selbst nachdenken*, was für die politischen «Ziele» **links** in Bezug auf die drei Bereiche **oben** für «Resultate» möglich sind. Die Resultate der verschiedenen Schnittpunkte können natürlich vermehrt werden. Für verschiedene Bereiche einer Gesellschaft sind auch verschiedene Ideale und Ziele anzustreben. Selbstverständlich könnten andere Zuordnungen gemacht werden.

Das Schema hier ist im Hinblick auf globales Überleben und Frieden gestaltet, weshalb links die Humanismus-Ideale der französischen Revolution gewählt wurden.

Man sieht sofort, dass bezüglich Umweltschutz in der Wirtschaft die «Freiheit» (Konkurrenz, Handelskriege) verheerend wirkt, während «Brüderlichkeit» hier richtig ist, da Wirtschaft solidarisch für alle Menschen zu sorgen hat, und nicht umgekehrt. Für eine Demokratie kann nur «Gleichheit» den Rechtsstaat garantieren, denn vor dem Gesetz muss jeder Bürger gleich sein. «Freiheit» hat die positivsten Wirkungen in der Kultur einer Gesellschaft und wirkt verheerend in Wirtschaft und Staat. Klar wird auch, wie eine friedlichere Welt aussehen müsste, nämlich Freiheit in der Kultur, Gleichheit im Staat und Brüderlichkeit in der Wirtschaft

Teil 2: 2020

Fast 40 Jahre nach der oben dargestellten Sammlung von Gedanken eines «Gutmenschen», ist es Zeit für eine Überprüfung der heutigen Situation der Menschheit und damit auch, wie falsch oder realistisch die damaligen Einschätzungen lagen. Bis zu meiner Pensionierung 1998 schienen die Umweltschäden weniger gravierend, als befürchtet. Das Waldsterben war vertagt worden, ein Atomkrieg konnte vermieden werden (es gab nur Drohungen), atomare Zwischenfälle (verlorene Bomben, Threemile-Island, Tschernobyl, einige Fehlalarme mit beinahe Krieg) waren «nur» lokal bedrohlich. Sogar die Militärstrategen der Welt erkannten den «Overkill»- Unsinn, schlossen Abrüstungsverträge und verhinderten die Weiterverbreitung nuklearer Technik. Das globale Wirtschaftswachstum im zweistelligen Prozentbereich hatte vorerst auch nur lokale Probleme zur Folge. Ich begann zu hoffen, dass meine Befürchtungen zu pessimistisch gewesen waren.

Das änderte sich etwa ab dem Jahr 2000 aber rasend schnell. Überall zeigten sich Verschmutzungen. In vielen Ballungsgebieten war die Luft kaum zu atmen, das Wasser stark mit Chemie belastet, die Böden vergiftet und nur mit Kunstdünger noch produktionsfähig. Ozonlöcher taten sich auf, die Sonneneinstrahlung wurde immer intensiver, die Gletscher schwanden immer schneller und es zeichnete sich Wasserknappheit in tropischen Zonen ab. Im Gegenzug wuchs die Bevölkerung ungebremst, ebenso wie die Wirtschaft (insbesondere die Finanzwirtschaft). Diese wurde und wird von der alles erfassenden Digitalisierung und Automatisierung derart beschleunigt, dass sich Voraussagen für die nächsten Jahrzehnte kaum vernünftig treffen liessen. Andererseits hatte die Digitalisierung auch den positiven Effekt, dass nun wissenschaftliche Daten verfügbar waren und eine Beurteilung der bisher entstandenen Schäden möglich wurde. Gemeinschaften internationaler Forscher hatten zweifelsfrei nachgewiesen, dass diese Schäden vom Menschen gemacht sind und dessen Existenz unmittelbar bedroht ist. Eine internationale Verbindung von Klimaforschern konnte einwandfrei berechnen, dass nur noch wenige Jahrzehnte verfügbar sind, das Überleben der Menschheit längerfristig zu sichern. Die meisten Regierungen der Staaten der UNO akzeptierten diese Fakten und es folgten mehrere internationale Konferenzen zur Festsetzung des notwendigen internationalen Vorgehens. Es wurden Grenzwerte für die wichtigsten Klima-Komponenten (CO_2 etc.) festgesetzt, die bis 2050 den Temperaturanstieg auf nicht mehr als 2° beschränken sollten. Es entstanden grüne Parteien und vor allem die Jugend ging auf die Strasse, um gegen die ungenügenden Massnahmen der Regierungen zu protestieren.

Heute, 2020, muss ich feststellen, dass meine schlimmsten Befürchtungen von der Realität längst überholt wurden. Ein geisteskranker US-Präsident kündigt Wirtschafts- Abrüstungs- und Klimaschutzverträge und startet einen neuen kalten (Wirtschafts-) Krieg, diesmal mit China anstelle Russlands. Nach dem Vorbild dieses Egomanen, bekennenden Lügners und Sexisten, grassieren weltweit Nationalismus, Populismus und alternative Fakten. Neunzehnjährige digitale Fachidioten werden Milliardäre mit weltweiter Überwachungs-Software, die sie «Soziale Medien» nennen! Milliarden Menschen lassen sich freiwillig fremdbestimmen und manipulieren, weil diese Spielzeug-Medien clever alles Glück auf Erden versprechen. Und so etwas kommt aus dem vermeintlich freiesten Land der Erde, wo die halbe Bevölkerung durch die Echoräume und Filterblasen in den Plattformen jeden möglichen Unsinn glaubt. Da ist die Erde dann flach, 6000 Jahre alt, der US-Präsident von Gott gesandt und den Klimawandel gibt es nicht. So spaltet diese absurde irreale Technik Gesellschaften bis hin zu Bürgerkriegen, generiert

Diktatoren, zerstört demokratische Institutionen und den Planeten. Resultat global: Millionen Menschen werden durch die gar nicht «smarten» Geräte und deren virtuellen Lügen zu Flucht vor Krieg, Armut und Unterdrückung angeregt, was in den Zielländern wiederum Nationalismus, Fremdenhass und Verschwörungstheorien produziert.

Neben den vermeintlich «sozialen» digitalen Medien[5], sind die dringensten Probleme Wasser[21], Gen-Technik[3] und Klima[6].

Da Digitalisierung, Klima, Wasser und Gentechnik besonders akut und die Konsequenzen nicht abzuschätzen sind, werde ich mich damit ausführlicher befassen und mit Leserbriefen und Diskussionen mit Forschern und Journalisten anreichern. In allen Leserbriefen und E-Mails habe ich immer meine vollständige Adresse genannt, was aber in diesem Text als nicht nötig erachtet wird.

Vorerst sollen aber die Teilbereiche des Abschnitts 1982 nochmals betrachtet werden, um deren Entwicklung zu sehen. Wie im ersten Teil wird auf Tabellen, Zitate von wissenschaftlichen Studien und Randbemerkungen verzichtet. Diese können im Internet jederzeit aufgerufen werden, was einer der wenigen Vorteile anonymer Netzwerke ist.

Grundsätzlich haben sich alle 1982 genannten Probleme, teilweise dramatisch, verschärft.

Der schnelle Weg

Das atomare Damoklesschwert ist geblieben. Der Irre im weissen Haus lässt wieder aufrüsten, angeblich weil Russland grössere Arsenale habe. Im nahen und fernen Osten herrscht nach wie vor Krieg. Israel besitzt Atomwaffen und Iran bemüht sich solche zu bauen. Diese Waffen und vor allem die Trägersysteme wurden weiterentwickelt und digitalisiert, was ihre Gefährlichkeit noch einmal vervielfacht. Nordkoreas Diktator droht offen mit Nuklearwaffen und Trump stimmt in den (vorerst) verbalen Krieg lauthals ein. Man kann nur hoffen, dass kein Machthaber solche Waffen in einem totalen Vernichtungskrieg amortisieren will. Das Risiko einer ungewollten zufälligen Vernichtung der Erde ist mit Digitalisierung und Automatisierung (d.h. Entmenschlichung) der Prozesse vervielfacht worden. **Wie dumm müssen Mächtige sein, die mit hundertfachem Overkill Sicherheit schaffen wollen?** Es ist deshalb absolut erstaunlich, dass die Menschheit von den Regierungen nie die Eliminierung der Atomwaffen fordert. Dieses grösste aller akuten Probleme wird seit 70 Jahren verdrängt und verschwiegen, obwohl (oder weil) dessen Existenz ein zuversichtliches Leben verunmöglicht.

In der «friedlichen» Nutzung der Nukleartechnik wurde Fukushima verseucht und in Tschernobyl muss ein neuer Sarkophag gebaut werden. Innerhalb von wenigen Jahrzehnten gab es fünf grosse (Kernschmelzen mit grossflächiger Verseuchung) und hunderte kleinere Störfälle. Die Reaktoren wurden damals verkauft mit Sicherheitsgarantien, welche mit einem(!) Störfall alle zehntausend (!) Jahre rechneten. Für nukleare Abfälle sind keine Lösungen in Sicht, da auch die besten Fachleute für 30'000 Jahre oder mehr keine Sicherheit garantieren können und niemand «strahlende» Abfälle vor seiner Türe haben will. Eine einzige Generation Menschen hat 400 Folgende zu Abfallsklaven gemacht, während die Nuklear-Protagonisten auf ein Wunder hoffen, nämlich dass eine neue Physik das Problem löst.

Der langsame Weg

Bevölkerungsexplosion und riesige Wachstumsraten beim Energieverbrauch setzen sich unvermindert fort. Ein dramatisches Artensterben ist im Gange. In Deutschland sind 70% aller Insekten-Arten verschwunden. Die Erderwärmung steigt schneller, als sich das die vorsichtigsten Wissenschafter vorstellen konnten. Die Pessimisten unter diesen vermuten, dass wir bereits zu spät sind mit unseren zaghaften Eingriffen. Jedes Jahr sind weltweit neue Hitzerekorde zu verzeichnen. In der Schweiz ist der Tag, an dem die Ressourcen für das laufende Jahr aufgebraucht sind, mittlerweile Ende April erreicht! Bereits 1979 hat Hans Jonas in seinem berühmten Buch **Das Prinzip Verantwortung** [20] belegt, dass das Überleben der Menschheit nur mit einer prinzipiellen Änderung der Wirtschaftsweise (Abkehr vom Wachstum), sowie einer Reduktion der Bevölkerung und Halbierung des Energieverbrauchs möglich ist. Der herrschende Turbo- und Finanzkapitalismus[22] verhindert das effektvoll. Was bleibt, ist die Hoffnung, die angeblich zuletzt stirbt.

Ernährung

In den Entwicklungsländern wird nach wie vor gehungert, obwohl fruchtbare Böden und Ressourcen im Überfluss vorhanden wären. Millionen von Migranten suchen deshalb in den «reichen» Ländern zu Überleben. Nahrungsmittel werden industriell mit Dünger, Gift, riesigen Maschinen und enormen Energieaufwand auf ebenso riesigen Farmen für den Export und nicht für die Einheimischen produziert. Wälder werden abgeholzt, um Farmland zu gewinnen. Fleischfabriken mit Horrorzuständen sind geblieben. Die verwendeten Antibiotika haben zu Resistenzen geführt, wodurch viele Krankheiten nicht mehr behandelt werden können. Die Produkte werden um den ganzen Planeten gekarrt und geflogen und mehrheitlich in den reichen Ländern verbraucht, wobei 30% der Lebensmittel weggeworfen werden.

In den USA wird die ganze Bevölkerung für einen gigantischen Versuch mit GVO (**G**entechnisch **V**eränderten **O**rganismen) missbraucht. Agrar-Multis haben bei der FDA (Food and Drug Administration) durchgesetzt, dass GVO-Produkte den Natürlichen gleichgesetzt (GRAS, **G**enerally **R**ecognised **A**s **S**ave) und somit nicht gekennzeichnet werden müssen. Dies wurde eingeführt ohne irgendwelche Langzeitstudien an Pflanzen, Tieren und Menschen, weil Gentechik-Profite für Jahrzehnte verhindert worden wären. Ernärungsbedingte Probleme haben sich mit dem enormen Wachstum vervielfacht.

Hier zur Verdeutlichung drei Leserbriefe dazu:

2003 publizierte die *Weltwoche* einen Artikel über die «unnötige» Bio-Landwirtschaft. Meine Reklamation wurde natürlich nicht veröffentlicht.

Betreff: Bio-Landwirtschaft
Datum: 09.02.2003 15:56

Noch selten habe ich ein derart abstruses Konstrukt aus alten Klischees und polemisch verdrehten Halbwahrheiten gelesen. Wo sind denn alle die nach links mutierten SVP Bio-Bauern? Landwirtschaftsbetriebe produzieren biologisch, weil ein (wachsender) Markt dafür besteht, und diesen gibt es, weil immer mehr denkende Menschen eine nachhaltige Landwirtschaft unterstützen wollen! Für viele davon ist gerade die propagierte Agro-Industrie ewiggestrig, die (in Europa) das Siebenfache der bei Nachhaltigkeit verfügbaren Ressourcen verschleudert. Die vom Jounalisten vermissten wissenschaftlichen Studien gibt es zuhauf und die Resultate sind eindeutig, nur widersprechen sie dem im Artikel behaupteten «Techno-Stalinismus» total. Der schon seit über 20 Jahren laufende DOK Versuch des Bundes (Vergleich zwischen biologisch-dynamischen, organisch-biologischen und konventionellen Methoden) sieht klar die konventionellen Betriebe am Schluss bezüglich Ressourcenaufwand und Pro-

duktivität der Böden und die vermeintlich weltfremden «anthroposophischen Esoteriker» sind mit Abstand an der Spitze. Die meisten dieser Bio-Betriebe benutzen moderne Technik, nicht aber Chemie und Gentechnik, und generieren ein Mehrfaches an Arbeitsplätzen.

Wie dem auch sei, die Blut- und Boden-Theorie des Redaktors ist schlicht lächerlich und ich möchte zum wiederholten Male bitten, mich mit so oberflächlich recherchiertem Polemik-Journalismus zu verschonen.

9 Jahre später: Eine US-Professorin hatte Überlegenheit von Agro-Business und Gentechnik über die Bio-Landwirtschaft mit lauter Fake-News (in der Rubrik «Wissen»!) behauptet.

Betreff: Pardon, Frau Professor ist «verrückt»!
Datum: 26.02.2012 21:53

*Dieser Artikel kam auf der falschen Seite. Er hätte unter Wirtschaft (Werbung für Monsanto) stehen sollen, aber sicher nicht unter «Wissen»! Die meisten Aussagen der Frau Professor sind tendenziös, die Kernpunkte schlicht falsch. Es wurden in einem 25-jährigen Versuch (DOK, **D**ynamisch, **O**rganisch, **K**onventionell) am FIBL (Eidg. Forschungsinstitut für biologische Landwirtschaft) die drei Methoden konventionell, biologisch-organisch, und biologisch-dynamisch in Bezug auf Bodenqualität und Nachhaltigkeit verglichen. Die Wissenschaftler fanden eindeutige Resultate. Bei gleichem Ertrag braucht «konventionell» am meisten Ressourcen (Land, Energie, Finanzen), weniger braucht bio-organisch (80 %) und am wenigsten bio-dynamisch (65 %). Wirklich dramatisch war aber die Bodenqualität nach 25 Jahren: die konventionellen Böden ausgelaugt und nur mit immer höheren Kunstdüngergaben überhaupt noch produktiv, während die Bio-Böden ohne Kunstdünger wachsende Erträge zuliessen. Das sind wissenschaftliche Fakten und nicht Weltanschauungen oder Mythen, wie dies die Frau Professor be-*

hauptet. Dass sie auf die generelle Bewilligung von gentech-nisch veränderten Pflanzen in den USA stolz ist, passt ins verquere Bild. Diese Bewilligung war ein wirtschaftspoliti-scher Entscheid, der ohne jede wissenschaftliche Begrün-dung und Studien (auf welche die Frau Professor doch dau-ernd pocht) auf Druck der Agrarmultis gefällt wurde. Niemand kennt die Risiken, welche durch die willkürliche Missachtung von Artengrenzen (Gentechnik) lauern. Zu all dem kommt dann noch der Unsinn, es seien die reichen Länder, die sich Bio leisten könnten. Es ist gerade umgekehrt: Arme Länder können sich <u>nur</u> Bio leisten und eben nicht die teure Technik der Agrarmultis.
Fazit: Pardon, zu viel Bullshit!

Betreff: Interview CEO Agro-Business
Datum: 03.03.2013 15:07

Mr. CEO scheint als Spezialist des Agro-Business von den Grundlagen seiner Konkurrenten, sowie den Motiven der Konsumenten wenig bis nichts zu wissen. Es ist kaum zu glauben, dass er von dem seit 30 Jahren laufenden DOK Ver-such (D für dynamisch, O für organisch, K für konventionell) am Forschungsinstitut für biologische Landwirtschaft in Frick keine Kenntnis haben soll. Dort werden die Produktionsme-thoden und Vorschriften der Label «Demeter», «Knospe» und «IP» verglichen. Die Resultate sind bezüglich Bodenqua-lität und Nachhaltigkeit eindeutig. Die Bodenfruchtbarkeit ist bio-dynamisch gepflegt verbessert, organisch-biologisch etwa konstant und konventionell bearbeitet stark defizitär. Für mich und viele andere Bio-Konsumenten sind die Pro-duktionsbedingungen und deren Nachhaltigkeit entschei-dend. Eigene Gesundheit und Wohlbefinden sind zweitran-gig. Wenn es dann auch noch gut schmeckt, umso besser. Dass aber der führende Agro-Manager anstatt wissenschaft-licher Erkenntnisse populistische Bio-Mythen in der Sonn-tags-NZZ verkünden kann, disqualifiziert nicht nur ihn selbst, sondern auch die sonst meistens seriöse NZZ.

Kleidung

Es gibt praktisch nur noch für Wohlhabende natürliche Stoffe und hochwertige Verarbeitung. Über 90% aller Kleider werden aus synthetischen oder Mischgeweben von Automaten geschnitten und von ausgebeuteten Arbeiterinnen genäht. Wenn ein T-Shirt noch drei Franken kostet, nachdem es um die halbe Welt geflogen wurde, stimmt definitiv etwas mit der Wirtschaft nicht. Von «zweite Haut» und deren Funktionen ist keine Rede mehr. Man nennt das zwar Funktionswäsche, was aber nur heisst, dass sie nach einmaligem Gebrauch zum Himmel stinkt. Die meisten Kunststoffgewebe sind langlebige Schadstoffe für die Umwelt und können nicht vernünftig entsorgt oder wiederverwertet werden. Sie landen meistens in Verbrennungsanlagen, wo sie mit hochgiftigen Gasen die Luft verpesten.

Mengenmässig gilt auch hier: Wachstum und Überfluss bis zum Kollaps (Klima) bei uns, Ausbeutung und Armut in den Entwicklungsländern.

Wohnung

Es wird gebaut, was das Zeug hält. Das schweizerische Mittelland wird zum zusammenhängenden urbanen Raum. Eisenbeton und Flachdächer dominieren überall. Die pro Kopf beanspruchte Wohnfläche hat sich verdoppelt und die Bevölkerung ist in 20 Jahren durch Migration um 10% gewachsen. Wenigstens wurden Vorschriften bezüglich Energieverbrauch verschärft, was andererseits gesundes Bauen praktisch unmöglich macht. Von Ideen wie: dritte Haut des Menschen, gesunde Materialien und harmonische Verhältnisse weiss kaum jemand mehr etwas. Wenigstens haben die modernen luftdichten „Styropor-Kästen" bessere Isolationswerte und eine leicht bessere Energiebilanz. Das unheimliche Wachstum lässt aber den Gesamtverbrauch an Ressourcen trotzdem exponentiell steigen. Gebaut wird fast ausschliesslich mit Stahlbeton und die Renditeobjekte werden mit maximalen Ausnützungsziffern finanziert. Es wird noch immer zum grössten Teil mit fossiler Energie geheizt und nur sehr zögerlich sind Wärmepumpen und Fotovoltaik eingesetzt.

Energie[2]

Weltweit wächst der Verbrauch exponentiell. Vor allem Digitalisierung und Transport verschlingen Unmengen an noch immer zum grössten Teil fossiler Energie, also Öl und Kohle. Atomkraft wird langfristig ersetzt werden müssen, da auch dem letzten Politiker klar geworden ist, dass 30'000 Jahre strahlende Abfälle für die Zukunft keine Option sein kann. Einige Regierungen haben erkannt, dass nur erneuerbare Energien langfristig erfolgversprechend sind, jedoch sind diese im gegenwärtigen Wirtschaftssystem chancenlos. Es ist billiger, die Umwelt zu zerstören, als zu überleben! So steigt zum Beispiel Deutschland erst in 15 (!) Jahren aus der Kohle aus, während Klima-Leugner Trump soeben die Kohleindustrie reaktiviert und subventioniert, Pipelines durch Nationalparks baut und Teile Alaskas durch Fracking zerstört. In immer grösserer Meerestiefe und unzugänglicheren Gebieten wird nach ÖL gebohrt, obwohl längst klar ist, dass wir uns von dieser Energie verabschieden müssen und ausschliesslich die Sonnenstrahlung nutzen sollten.

Trotz des offensichtlichen Atomenergiedebakels wird weiter an der «künstlichen Sonne», der Kernfusion geforscht und es werden so Milliarden Dollar und Euro verbuttert. Ein Plasma mit 1,5 Millionen Grad (!) Temperatur darf keine andere Materie berühren und muss mit unglaublichem Energieaufwand elektromagnetisch freischwebend gehalten werden. Bei einer Panne explodiert das Ganze in einer Grössenordnung, die sich niemand vorstellen kann. Hier steigen die Sicherheits-Risiken ins Unermessliche.

Betreff: Kampf um Atomkraft
Datum: Sun, 21 Nov 2010 15:43

Es ist für mich eine unglaubliche Arroganz, dass eine einzige gegenwärtige Generation Menschen Tausende von zukünftigen Generationen dazu verurteilt, den hochgiftigen Dreck heutiger Komfortansprüche zu hüten. Ausgerechnet die vermeintlich liberalen Rechtsparteien SVP und FDP, die ja dauernd von Freiheit der Bürger und der Wirtschaft fabulieren, verwehren kommenden Menschen eben diese Freiheit, nämlich so zu leben, wie sie es dannzumal für gut halten. Zukünftige Bewohner dieses Planeten werden zu Sklaven einer unmenschlichen und unkontrollierbaren Technik gemacht. Jeder Wissenschaftler, der behauptet, die Sicherheit (irgendeiner) Technik für Hunderttausende von Jahren verantworten zu können, hat den Beruf verfehlt. Er hätte Religionslehrer oder Prophet werden sollen. Eine menschenwürdige Technik muss immer in überblickbaren Zeiträumen beendet oder revidiert werden können, so dass neue Daseinsformen und Entwicklungen möglich bleiben. Dies wird durch Atom- und in noch grösserem Ausmass durch Gentechnik verhindert und es ist nicht nur arrogant, sondern auch dumm, unwissend die Zukunft derart festzunageln.

Betreff: Atomkraftmärchen
Datum: 30.09.2013 14:32

Erstaunlich, wie sich Ansichten zur Atomenergie über Jahrzehnte halten können, obwohl sie wissenschaftlich längst als falsch erwiesen sind. So bringt Leserbriefschreiber H. B. wieder einmal das Märchen von der Wirtschaftlichkeit der Atomkraft. Dabei ist diese Energie gewaltig subventioniert, indem das Risiko dieser Technik der Bevölkerung überlassen wird. Müssten Atomenergieproduzenten die möglichen Folgen (siehe «Cäsium und Strontium in der Konfitüre» im selben Blatt!), sowie Rückbau und Abfallentsorgung bran-

chenüblich versichern, würde der Strompreis um ein Mehrfaches steigen. Niemand würde dann noch in Atomkraft investieren, da sie nicht konkurrenzfähig wäre.

Mehr Sorgen bereitet aber das Abfallproblem. Mit unglaublicher Arroganz verknurrt hier eine einzige Generation vierhundert (!) Nachfolgende dazu, den Dreck ihres Wohlstands-Irrsinns zu hüten und von der Biosphäre getrennt zu halten. Dass gerade Parteien, die sonst immer Freiheit predigen, kommende Menschen zu «Abfallsklaven» machen, passt zur heutigen Politik des Märchenerzählens. Märchen erzählt aber nicht nur die Wirtschaft mit ihrem unbeschränkten Wachstum und dem vermeintlich alles regelnden Markt, sondern auch die Wissenschaft, welche behauptet für mindestens 30'000 und mehr Jahre Atomabfallsicherheit garantieren zu können. Wer's glaubt, wird nicht selig, sondern schuldig.

Betreff: Zukunft Atomkraft
Datum: 24.02.2019, 19:57

Wieder einmal werden Atomkraftwerke gefordert, um das Klimaproblem in den Griff zu bekommen. Es erstaunt, dass es noch immer Wissenschaftler gibt, die an grenzenloses Wachstum in einem begrenzten Umfeld glauben. Dabei haben in den letzten 30 Jahren Dutzende von Studien aufgezeigt, dass wir Menschen in den entwickelten Ländern bis zu dreimal mehr Ressourcen verbrauchen, als langfristig nachhaltig wäre. Es gibt daher nur eine vernünftige Strategie, nämlich: Senkung des Energiekonsums um die Hälfte und null Wachstum der Weltbevölkerung. Technisch wäre das kein Problem, es fehlt an der politischen Einsicht und am Willen der Mächtigen auf dem Planeten (Trump lässt grüssen). Beispiel: anstatt vernünftige Fahrzeuge zu bauen, wie zum Beispiel das von Bieler HTL- Studenten entwickelte «Twike» (260kg leer, 85 kmh, zwei Personen, 100 km Reichweite mit 3.2 kWh für ca. Fr. 0.40), werden die SUV's immer grösserund schwerer, obwohl jedem Techniker klar ist, dass das

Gewicht eines Fahrzeugs den Energieverbrauch bestimmt und nicht die Art des Antriebs. Bezüglich Atomkraft: hochgiftige strahlende Abfälle für 30'000 Jahre von der Biosphäre trennen? Hier wird der Wahnsinn zur Methode!

Betreff: Atomkraft, ja oder nein?
Datum: 07.09.2019 16:22

Schon wieder wird von einem Politiker Atomkraft als Rettung vor dem Klimawandel gefordert. Der moderne Mensch wird ja durch manche technischen Entwicklungen in seiner Freiheit eingeschränkt, was aber zum Beispiel bei der Digitalisierung kaum bemerkt wird. Milliarden von Menschen werden «smart» manipuliert von Google, Facebook, Twitter und Co. und alle finden das toll. Dabei wird unglaublich viel Energie meist sinnlos verschleudert. Es braucht also neue Quellen und schon wird nach mehr Atomenergie gerufen. Es ist schlichtweg ein Skandal, dass eine einzige Generation Menschen in ihrem Wachstumswahn den nachfolgenden Generationen verunmöglicht, in Zukunft so zu leben, wie sie es dann vielleicht wollen (zum Beispiel nachhaltig, naturverbunden, real anstatt virtuell, etc.). Politiker und Parteien mit dem Programm «Freiheitsberaubung für 30'000 Jahre» sind nicht wählbar.

Verkehr

Mindestens 40% des gesamten Energieverbrauchs werden durch Mobilität verursacht. Wachstumsraten von 10% pro Jahr sind üblich. Als ich 1968 Fluglotse wurde, kostete ein Flug Zürich- New York und zurück etwa zwei Monatslöhne. Heute liegt der Preis bei etwa einem Zehntel eines Arbeitermonatslohnes, obwohl die energetischen Bedingungen gleichbleibend sind. 100kg (Mensch+Gepäck) auf 10'000m Höhe über 7000km Distanz zu transportieren braucht immer gleich viel Energie, wobei der Verbrauch mit der Geschwindigkeit im Quadrat wächst. 1968 flogen Propellerflugzeuge auf 4000m Höhe und viermal langsamer über den Atlantik und trotzdem bezahlte man zwanzigmal mehr. Die heutigen Preise sind nur auf Kosten der Umwelt möglich. Autos, SUV's werden immer schwerer, d.h. der Energiebedarf steigt nicht nur mit der Anzahl Fahrzeuge, sondern pro transportierte Person gewaltig. Und das unabhängig davon, ob mit Diesel, Benzin oder elektrisch angetrieben wird. Entscheidend ist das Verhältnis zwischen Fahrzeuggewicht und Zuladung, welches meistens bei über 20:1 liegt. Seit 1998 fahre ich ein TWIKE ohne jegliche Einschränkung an Lebensqualität mit einem Gewichts-Verhältnis 2:1. Generell sollten nur noch derartig leichte Fahrzeuge hergestellt, der öffentliche Verkehr verbilligt, und der Individualverkehr verteuert (hoch besteuert) werden. Überhaupt ist der gegenwärtige Individualverkehr ein schwarmdummer Unsinn[23] und eine Energie-Sackgasse, stehen doch die 2-Tönner 96% der Zeit herum und brauchen Platz, der besser genutzt werden könnte. Auch der Flugverkehr müsste endlich unter Kostenwahrheit betrieben werden und es ist ein Hohn, dass Kerosin weltweit nicht besteuert wird.

Wissenschaft, Forschung, Schule[4]

Nach wie vor, scheint mir, läuft die Bildung in eine falsche Richtung. Geforscht wird nur noch, was wirtschaftliche Vorteile verspricht, und daher mehrheitlich von der Industrie finanziert wird. Den Geisteswissenschaften, Philosophie, Psychologie, Kunst, Kultur, Geschichte und Pädagogik werden die Mittel gestrichen. Das heisst, Bildung wird als Wissensvermittlung betrieben, während Menschlichkeit und soziales Verhalten als Schwäche gelten. Dafür werden an Schulen und Universitäten sämtliche Fächer digitalisiert, Unmengen an Daten generiert und gespeichert, ohne dass daraus venünftige Handlungsanweisungen entstehen würden. Um vernünftige Handlungen und Gedanken entwickeln zu können, bräuchte es aber eine breite universelle Bildung spezifisch menschlicher, also sozialer Fähigkeiten. Mathematik, Physik und Chemie werden derart spezialisiert vermittelt, dass es nur noch Wissenschaftler mit eingeengtem Tunnelblick zu geben scheint. Den weisen Universalgelehrten mit Überblick und Vernunft gibt es kaum mehr. Solche brauchen wir aber dringend, **seitdem das Herumwischen auf elektronischen Geräten als Bildung gilt.**

Im Monatsheft GEO erschien 2014 ein Artikel über die «dringend notwendige» Digitalisierung von Bildung und der Schule, Die Argumentation war derart einseitig «maschinell», dass ich eine «menschliche» Sicht beifügen musste.

Betreff: Digital macht schlau
Datum: 21.11.2014 16:32

Als ehemaliger Fluglotse, langjähriger Pädagoge und 5-facher Grossvater bezweifle ich die Notwendigkeit für eine IT-Bildung von Lehrern, Eltern und Schülern (in dieser Reihenfolge) nicht. Wenn man aber Bildung nicht einfach als gespeichertes und abrufbares Wissen versteht, sondern als Hilfe zur Selbsterkenntnis und zu Lebensfragen, macht Digitales überhaupt nicht schlau. Mensch wird man nur durch und mit anderen Menschen, aber sicher nicht mit Computerspielen und schon gar nicht mit all den zu 97 % gespielten Ego-shooter-Ballereien. Die Behauptung, es sei die Mär von der «digitalen Demenz» (Manfred Spitzer, 2013) längst widerlegt, ist eine ebensolche Mär, denn es gibt sehr wenige (fast nur deutsche) Studien mit in wenigen Aspekten leicht positiven Ergebnissen, hingegen über 350 Arbeiten internationaler Forscher, deren Resultate bedenklich sind. Praktisch alle beklagen einen Verlust von Fähigkeiten wie Lesen, Schreiben, Rechnen, Text verstehen, Konzentration etc. Wie dem auch sei, wenn in einer als seriös bekannten Schweizer Zeitung (NZZ am Sonntag) in allem Ernst über mehrere Seiten die Frage erörtert wird: «Sind Computer die besseren Lebens-partner?», ist die digitale Demenz im Journalismus so weit fortgeschritten, dass man wirklich «Angst vor dem Internet» kriegen könnte. Da bringen mich weder ein paar hundert unbekannte virtuelle «Freunde», noch die Begeisterung des Autors J.S. dazu, das Wissen in der Cloud als Weisheit zu begrüssen.

Unerwarteter Weise schrieb der Journalist eine kurze Entgegnung, wo er seinen Standpunkt (Digital macht schlau) etwas relativierte, aber nicht auf meine Kritik einging. Replik:

Betreff: Re: digital macht schlau
Datum: 24.11.2014 18:57

Sehr geehrter Herr S.,
Ihrer (unerwarteten) Antwort kann ich zustimmen. Allerdings würden für mich auch Resultate kritischer Studien (von denen ich mehr als 300 überprüft habe) zur Medienbildung gehören. Solche werden in ihrem Beitrag nur sehr beiläufig erwähnt oder sogar als Märchen verunglimpft, während unkritische Beiträge (lediglich fünf) als alleingültig dargestellt werden. Leider ist es in einem Leserbrief nicht möglich, über Schlagworte hinaus Begründungen für eine bestimmte Sichtweise beizufügen, was sich als eine Form digitaler Demenz im Journalismus zeigt (Boulevard!). Deshalb mein nochmaliges Schreiben hier.
Mein Problem liegt nämlich tiefer. Es geht letztlich um die Frage, was ein Mensch ist und wie man einer wird. Im Detail ist es das uralte Geist-Materie-Problem, das in der Wissenschaft zugunsten des Primats der Materie entschieden wurde. Deshalb werden gerade auch in seriösen Publikationen Menschen oft als Maschinen (oder als Automaten, wie Cambridge Professor V. S. sich selbst im GEO, September 2010) behandelt. Für mich ist das die eigentliche «digitale Demenz», denn es ist doch klar, dass die gesamte kulturell-

Entwicklung, einschliesslich und gerade der IT, auf der Wirkung von Geist auf Materie beruht. Zu dieser Wirkung ist per Definition keine Maschine fähig. Ein Computer kann keine Absichten, Entscheidungen oder Gefühle haben und nicht denken. Ein Computer spult einfach ein von Menschen (per Geist) gemachtes Programm herunter und zwar immer gleich, eben maschinenmässig. Deshalb kann eine Maschine auch nicht Liebespartner oder Lehrer sein. Als Werklehrer fällt mir auf, dass in ihrem Musik-Beispiel ausser dem Lehrer am Klavier nur ein einziges Mädchen ein Instrument hält. Ein I-Pad streicheln kann jeder, nur ist das für mich noch keine musikalische Bildung. Ausserdem stelle ich fest, dass in allen ihren Beispielen immer engagierte Lehrpersonen hinter den Projekten stehen und nur solche Menschen können z. B. den Inhalt eines Aufsatzes bewerten, während ein Prüfroboter auch in Zukunft allenfalls irgendwelche Regeln prüfen kann. Noch einmal: Mensch wird man durch andere Menschen, Maschinen produzieren andere Maschinen, wenigstens solange das psychophysische Problem ungelöst ist. Solche Zusammenhänge müssten bei Pädagogen, Eltern und anderen Erziehenden zuerst zum Thema gemacht werden, bevor man die Rendite von Microsoft, Apple und Co. auch noch staatlich weiter fördert. Wie auch immer, ich schätze die Qualität des GEO, auch wenn die behauptete Wissenschaftlichkeit zuweilen meiner Überzeugung von der Wirksamkeit des Geistes zuwiderläuft.

Gesundheit, Medizin

Weltweit besagen Statistiken, dass die Menschen immer gesünder werden, und die Lebensdauer stetig steigt. Dies stimmt sicherlich, ist aber auch verantwortlich für die Zerstörung der gesamten Lebensbasis, sowie den ungebremsten Bevölkerungszuwachs und spiegelt auch den enormen Medikamentenverbrauch in den industrialisierten Ländern wider.

Ob es den Menschen gesamthaft besser geht, also das Wohlsein grösser geworden ist als das Haben, ist zweifelhaft. In den vereinigten Staaten nimmt jeder dritte Erwachsene Psychopharmaka, was nicht gerade auf eine hohe Lebensqualität deutet. Mit Smartphone Apps messen Menschen kontinuierlich ihre Lebensprozesse, und merken nicht, dass sie dadurch völlig tyrannisiert werden. Grosse Teile der Bevölkerung verlieren durch diese Geräte die eigene Körperwahrnehmung, also das eigentliche Menschsein mit Fähigkeiten wie: innere Körperwahrnehmung mit Tast-, Bewegungs-, Gleichgewichts- und Lebens-sinn; Umweltwahrnehmung mit Geschmacks-, Geruchs-, Wärme- und Sehsinn; Sinne für Geistiges: Hör-, Sprach-, Gedanken- und Ich-sinn. Wenn jemand einem dieser Sinne nicht mehr trauen kann und ein Smartphone oder eine Messungs-Uhr braucht, ist er krank. Der absurd hohe Konsum von Stimmungssaufhellern und wöchentliche Therapiesitzungen beim Psychiater sprechen Bände. Entgegen früherer Versprechungen ist der Krebs unbesiegt und Herzkrankheiten stehen nach wie vor (trotz smarter Messgeräte) an erster Stelle. Die Krankheitskosten steigen ungebremst, verursacht durch immer teurere Geräte und Medikamente.

Es ist zudem völlig unklar, wieso ein Spital oder eine Arztpraxis Gewinn erzielen muss. Obwohl für Komplementärmedizin sogar ein Lehrstuhl an der Uni Bern geschaffen wurde und alternative Methoden (anthroposophisch, chinesisch, tibetisch, Homöopathie, Akupunktur, Musik-, Farb-, Licht-, Mal-, Bewegungstherapien etc.) angeboten und rege benutzt werden, sind diese nicht offiziell anerkannt und werden von den Krankenkassen in der Grundversicherung auch nicht vergütet.

Das liegt am noch immer geltenden Primat der Materie[1] in der Medizin, wonach ausschliesslich Stoffe (Medikamente) wirken, weshalb «alternativ» mit «Betrug» gleichgesetzt wird. Es kommt, dank der wachsenden Nachfrage für «alternativ», allmählich Bewegung in die Szene. Auch hier kann man nur hoffen. Die moderne Entwicklung Richtung Gentechnik und

Gentherapien werde ich separat betrachten, da diese nicht nur die «einzelnen Leben», sondern «das Leben» überhaupt betreffen.

Immer wieder stosse ich auf den als einzig gültig anerkannten Materialismus in Wissenschaft und auch teilweise in der Philosophie und werde als Geistvertreter zu «Reklamationen» gedrängt. Diesmal wieder einmal in der *Weltwoche*.

Betreff: Homöopathie
Datum: 26. Jul 2010 23:16

Hallo Redaktion,
Die modernste Form von Aberglauben ist das Dogma der Wissenschaft, wonach ausschliesslich materielle Substanzen auf den menschlichen Organismus wirken können. Geht man vom Primat der Materie und kausal-determinierten Prozessen aus, wie das die «aufgeklärte» Wissenschaft verlangt, lässt sich selbstverständlich keine nichtmaterielle Wirkung beweisen. Dass aber Geist (hier Gedanken, Intentionen etc. zur Homöopathie) auf den Journalisten wirkt, worauf er sehr materiell sein Verdikt «Bockmist» in die Tasten hämmert, ist offensichtlich und bewiesen.
Unsere gesamte Kultur beruht auf geistigen Impulsen, die auf Materie wirken. Das Problem ist nur, dass dieser Vorgang mit Physik und Chemie nicht erklärt werden kann und das uralte Leib-Seele-Problem ungelöst bleibt, solange die Wissenschaft bei ihren Dogmen verharrt. Fazit: der aufgeklärte Professor/Journalist und der Homöopath tun beide dasselbe, nämlich glauben, was bisher nicht bewiesen werden kann.

Betreff: Komplementärmedizin, 11.12.2010
Datum: Sun, 12. Dec 2010 16:32

E. E. ist ein Hardliner der Schulmedizin und nicht der komplementären Seite. Die ganze Diskussion um die Komplementärmedizin wird entfacht durch das uralte und noch immer ungelöste

Geist-Materie-Problem. Einzelne Naturwissenschaftler wie Professor E. glauben nach wie vor an das Dogma vom Primat der Materie, welches für die unbelebte Natur passend ist, für Mensch und Tier aber längst wissenschaftlich logisch widerlegt wurde. So wundert es nur ihn selbst, dass er der einzige wissenschaftliche Kritiker komplementärer Methoden ist. Modernere Forscher postulieren beim Menschen eine Wechselwirkung zwischen Materie (Gehirn, Nervensystem) und Geist (Bewusstsein, Intention, Ideen, freier Wille), was auch der täglichen Erfahrung jedes gesunden Menschen entspricht.

Unter dem Primat der Materie kann aber eine nichtphysische Wirkung per Definition nicht nachgewiesen werden. Die hochgelobten Doppelblindstudien beweisen daher nur, was von materialistischen Wissenschaftlern schon vorher festgelegt wurde, nämlich eben, dass nur Stoffe wirken können. Das erklärt auch, wieso der Placeboeffekt offenbar nicht als «Wirkung» gelten darf, obwohl dieser in allen Studien auftritt und in einigen Fällen (Krebstherapien) bessere Resultate als die Medikamente aufweist. Würde der krude Materialismus beim Menschen zutreffen, müssten nicht nur Psychosomatik und Komplementärmedizin, sondern auch Psychiatrie und Psychologie aus den Leistungskatalogen der Versicherungen entfernt werden. Ausserdem gäbe es weder Wissenschaft, noch Kunst und Religion, denn Kulturentwicklung ist nur durch Wirkung von Geist auf Materie möglich. Dieser Zusammenhang scheint den Entscheidungsträgern aus Politik und Wirtschaft unbekannt zu sein, weshalb sie den schweizerischen Volkswillen bezüglich Komplementärmedizin ungeniert missachten.

Fazit: solange das psycho-physische (Leib-Seele) Problem ungelöst ist, tun Kritiker und Befürworter dasselbe, nämlich «glauben» anstatt «wissen».

Handel, Wirtschaft[7]

Weltweit hat sich die kapitalistische Konkurrenzwirtschaft ausgebreitet. Selbst in den ehemals kommunistischen Ländern China und Russland hat sich eine Art Staatskapitalismus etabliert. Die Globalisierung der «freien» Marktwirtschaft hat sich rasend schnell fortgesetzt und ist für den grössten Teil der Umweltverschmutzung verantwortlich. Die Wirtschaft und deren Vertreter dominieren die Politik. Das heisst, sie definieren, was demokratisch oder gesellschaftlich Sache ist. Da der Turbo-Kapitalismus nur funktioniert, wenn jährlich 2% oder mehr Wachstum generiert wird, ist diese Wirtschaftsform per Definition untauglich für das Überleben der Menschheit auf dem begrenzten Planeten. Ausserdem sind die neu aufkommenden Nationalismen nicht kompatibel mit der Globalisierung, wie der unsägliche Präsident der USA mit seinen Handelskriegen beweist. Es ist eine Schande, wie dieser Aggressor sein «America first» mit einer riesigen Neuverschuldung auf Kosten der Umwelt finanziert und damit das Problem den nächsten Generationen überlässt.

Es gibt für die Menschheit nur eine Überlebensmöglichkeit: **das Bevölkerungswachstum ist global zu stoppen und der Energieverbrauch zu halbieren**. Das verlangt nach einer völlig anderen Wirtschaftsform, in der Kapital nur Tauschobjekt ohne handelbaren Eigenwert (ohne Finanzwirtschaft und Devisenhandel) ist. Werte sollten durch «Inhalt» (Arbeit, Leistungen, Produkte etc.) definiert sein. Kapital an sich ist wertlos und erst die Finanzindustrie ändert das jeweils mit ein paar Klicks, ohne dass irgendein gesellschaftlicher Mehrwert entstünde. Sicher ist, dass die gegenwärtigen Wirtschaftstheorien längerfristig untauglich sind. Die «unsichtbare Hand» (Konkurrenzwirtschaft) des Adam Smith hat sich in 200 Jahren als untauglich, da selbstzerstörend erwiesen. **Konkurrenz muss durch Solidarität ersetzt werden.** Das wird in dem durch Digitalisierung sowieso völlig umgekrempelten Turbokapitalismus gar nicht anders möglich sein, werden doch bald nicht nur schlecht bezahlte Hilfsjobs, sondern auch viele Spitzenverdiener durch kostenlos 24h pro Tag arbeitende Algorhythmen ersetzt.

Die jüngsten virtuellen Bluffs heissen Blockchain. Da wird mit unsinnigen Rechenoperationen in Serverfarmen Energie verbraten, mit dem einzigen Zweck, die Identität der beteiligten Profiteure zu verdecken. Man lässt die ahnungslose Welt glauben, die erzeugten 42 zufälligen Zeichen hätten als «Bitcoins» oder sonstige Cryptowährung einen Wert und handelt damit an der Börse, wo sie, simsalabim, auch prompt einen Wert erhalten. Man nennt diese Schöpfung aus dem Nichts «mining», was sonst nur Nationalbanken mit dem Drucken von Banknoten und prägen von Münzen erlaubt ist. Es handelt sich eindeutig um Falschgeld, welches darüber hinaus einzig durch anonyme Spekulanten einen fiktiven «Wert» erhält. Sonstige an Börsen gehandelte Werte bezogen sich bisher auf reale Inhalte wie Immobilien, Maschinen, Produkte und Leistungen aller Art und Beteiligte waren identifizierbar. Nicht so bei Cryptowährungen, die dank «crypto» und Darknet schlimmste Betrügereien ermöglichen. Wieso Staaten solche erlauben, ist ein Rätsel. Wahrscheinlich haben die Aufsichtsorgane die Übersicht verloren.

Die Klage eines «Philosophen» über den Diebstahl(!) des «Staats» an den Wohlhabenden durch Besteuerung, verlangte nach einer Entgegnung, die natürlich nicht veröffentlich wurde.

Betreff: Neidkultur
Datum: 20.11.2011 19:00

Erstaunlich, was der (notabene mit Steuergeldern ausgebildete) «zeitgenössische Philosoph» R. S. bezüglich Steuern von sich gibt. Man kann einem Fiskalstaat keine Fragen stellen, denn «der Staat» sind wir alle und wir alle haben Gesetze gutgeheissen, nach denen Einkommen und Vermögen versteuert werden muss. Für einen Empfänger sind Erbschaften, Schenkungen, Dividenden, Boni, Lotteriegewinne etc. Einkommen. Punkt. Die Steuersätze und die Progression sind politisch ausgehandelt (bei durchgehend bürgerlichen Ratsmehrheiten) und haben nichts mit der «Neidgesellschaft» Besitzloser, wohl aber mit der schamlosen Steueroptimierung Wohlhabender zu tun. Der eigentliche Skandal ist, dass die oben genannten Werte von Einkommen zu ... ja, was denn eigentlich ?.... steuerbefreite Zuwendungen ? mutiert werden konnten. Gäbe es in der Schweiz eine Verfassungsgerichtsbarkeit, wäre das nie möglich gewesen. Die Bemerkung, dass eine Erbschaftssteuer, wenn schon, progressiv gestaltet sein müsste, ist sicher stichhaltig. Nur wurden solche Steuern mehrheitlich abgeschafft. Bis vor einigen Jahren galt der Grundsatz der Verfassung, dass jeder Bürger nach seinen Möglichkeiten zum Gemeinwohl beitragen muss, als vernünftig. Leider scheint das heute selbst bei Berufsdenkern als überholt zu gelten und ein Titel wie «Man nimmt von denen, die haben», wird offensichtlich als Anklage gesetzt. Ja, was will man denn von denen holen, die nichts haben? Es sollte mittlerweile auch bei Philosophen bekannt sein, dass in der Schweiz die Schere zwischen Reich und Arm immer weiter auseinanderklafft und gerade die demokratisch verbrämte Selbstbedienungsmentalität der Reichen das gesellschaftliche Fundament aushöhlt.

Betreff: Wachstum der Wirtschaft
Datum: 07.10.2013 12:42

Wie praktisch in jedem Artikel, bringt der Journalist T.H. wieder die alte Leier vom Zwang zum unbegrenzten globalen Wirtschaftswachstum, garniert mit den üblichen Seitenhieben betreffend «Umverteilung» und anderen «utopischen» sozialen Anliegen. Wenn in unserem Wohlstandsirrsinn jeder Mensch das Dreifache der für ihn verfügbaren Welt verbraucht, wird dem normal Denkenden klar, dass das auf Dauer nicht funktionieren kann, und dass der Planet Erde so zerstört wird. T.H. propagiert somit kollektiven Selbstmord der Menschheit, weil das am besten rentiert. Lösungen für das Problem werden nicht genannt, obwohl es Ansätze durchaus gäbe. So ist offensichtlich, dass der freie Markt mit dem Konkurrenzdenken die Probleme erst schafft und die Gesellschaft, also der Staat, hier regulierend eingreifen müsste. Die Wirtschaft müsste für alle Menschen unter dem Motto «Brüderlichkeit» erneuert und regionalisiert, während die Menschenrechte unter «Freiheit» globalisiert werden müssten. Der Staat hätte für «Gleichheit» zu sorgen (auch im Materiellen). Ausserdem müsste auch einmal die Gier der Wohlhabenden und nicht immer nur der Neid der Besitzlosen angesprochen werden. Es ist mir klar, dass die vielen «müsste» und «hätte» nicht viel Hoffnung übrig lassen, jedoch ist soziale Utopie immer noch besser, als das liberale Schulterzucken: «nach uns die Sintflut»!

Betreff: Erbschaften
Datum: 16.01.2018 14:43

Gemäss Bundesverfassung sind Einkommen von natürlichen und juristischen Personen «angemessen» zu versteuern, wobei die Details von den kantonalen Instanzen geregelt werden. So wurde im Kanton Zürich vor Jahren die Erbschaftssteuer für direkte Nachkommen abgeschafft. Dabei wurde die entscheidende Frage gar nicht gestellt, nämlich, was Einkommen ist und was nicht. Für einen Empfänger sind Erbschaften genau wie Kapitalgewinne, Saläre, Boni, Schenkungen, Dividenden und Immobilienerträge Einkommen. Was denn sonst? Die darauf beruhende Initiative für eine bundesweite Erbschaftssteuer wurde vom Volk abgelehnt. Dass Erbschaften nicht mehr als Einkommen gelten, ist stossend, wo doch sonst Werte bei jeder Handänderung gemäss Gesetz besteuert werden (müssen). Das «Volk» und der Kanton haben in diesem Fall einmal mehr Verfassungsbruch geübt, was leider in der Schweiz wegen fehlender Verfassungsgerichtsbarkeit möglich und üblich ist.

Politik, Militär

Wie schon erwähnt, hat die Wirtschaft die Politik übernommen. Alles wird ausschliesslich nach wirtschaftlichen Kriterien beurteilt. Politiker werden aufgrund millionenschwerer Kampagnen gewählt und nicht wegen ihrer Qualitäten. Anders lässt sich nicht erklären, wie ein ewig pubertierender Lügner je amerikanischer Präsident werden konnte.

Wenn Frauen einen bekennenden Sexisten und Macho, Konservative einen fünffachen Pleitier, Farbige einen erklärten Rassisten und tiefgläubige Evangelikale einen Mann ohne Ethik und Moral als Präsidenten wählen, ist die Hälfte der Amerikaner definitiv verrückt geworden.

Der neue Trend zum Nationalismus setzt sich ungehindert fort, obwohl die Geschichte zeigt, dass Nationalismus immer Ursache grosser Kriege war. Vorerst sind es lediglich Handelskriege, die der amerikanische Nationalist führt. Der neue «Feind» heisst nicht mehr Russland, sondern China. Das riesige Reich mit seinem Staatskapitalismus hat, ungehindert von demokratisch gefällten Entscheidungen oder Gesetzen, seine Wirtschaftsmacht in der globalisierten Welt enorm gesteigert und liegt bei der Umweltzerstörung an der Spitze. Waffenherstellung und -handel haben, unabhängig von der Gesellschaftsform einen grossen Anteil am BSP, weswegen das Militär, obwohl ersetzbar durch Verträge, noch immer in allen Ländern existiert. In diesem Bereich werden am meisten Ressourcen verschleudert und immer auf Kosten folgender Generationen. Man kann nur hoffen, dass Trump und sein «America first» nicht einen Atomkrieg anzettelt, um das Militär endlich «Gewinn» bringend zu gestalten.

Global ist ein Trend zu vermeintlich starken «Führern» zu beobachten. Diese agieren meistens populistisch, nationalistisch und ausserhalb geltender Gesetze und werden absurderweise gerade deswegen wie Popstars gefeiert. Mit Hilfe der asozialen Medien aus dem Silicon Valley gibt es plötzlich so etwas wie «alternative Fakten», während reale Fakten unwidersprochen als «Fake News» entsorgt werden. Ungarn, Polen, Türkei und viele Balkanstaaten sind zu illliberalen nationalistischen Halb-Demokratien mit populistischen Diktatoren and der Spitze geworden. Die USA mit dem üblen Motto «the winner takes it all», der unsäglichen Spaltung in zwei feindliche Parteien, dem abstrusen Wahlsystem aus dem Mittelalter und dem permanenten Kriegsmodus in Wirtschaft und Politik, schrammen hart am Bürgerkrieg vorbei. Staaten fälschen weltweit mit speziellen Agenturen Wahlen in anderen Staaten. Mittels künstlich erzeugter «Nutzer» (Bots) in den asozialen Medien und dadurch generierter Filterblasen werden ganze Populationen manipuliert. So geht jede Demokratie kaputt und die halbe Welt bejubelt das auch noch.

Journalisten sind oft der Politik ihres Konzerns verpflichtet, hier der Wirtschaft (NZZ) mit einem Loblied auf 5G-Technik.

Betreff: Macht und Wahrheit in der Politik
Datum: 21.04.2019 21:50

Ihr Verfasser schreibt ganz richtig, dass Politiker von links und rechts ihre vorgefassten Meinungen den Erkenntnissen der Wissenschaft vorziehen. Leider führt er dabei ausgerichtet Fakten ins Feld, die gerade nicht wissenschaftlich geklärt sind. Bei 5G kann es noch keine gesicherten Fakten geben, da diese Technik wenige Jahre alt ist und Langzeitwirkung somit gar nicht erfasst werden können. Ausserdem gibt es noch keine vergleichenden Studien zwischen Nutzern und Nichtnutzern, z.B. bezüglich neuronaler Wirkungen, psychischer Einflüsse, Schlaf etc. Noch problematischer ist es bei der Gentechnik, wo zentrale technische Fragen unbeantwortet sind, was die Molekularbiologen auch offen zugeben. So etwa bei der Zelldifferenzierung: Hier soll die Differenzierung DNA gesteuert sein. Man weiss aber nicht, wie bei identischem Bauplan (DNA) unterschiedliche Zellen entstehen können. So bei den Artengrenzen: man weiss nicht, was die

Funktion oder der Sinn der Biodiversität (Struktur des Gen-pools) ist. So bei dem uralten Materie-Geist-Problem: man weiss nicht wie die Manipulation des Genoms (Materie) von Lebewesen auf deren Geist (Bewusstsein, Wille) wirkt. Ausserdem sind hier wie bei der Atomtechnik die Wirkungen derart langfristig (Tausende von Jahren), dass jede Voraussage «Glaube» und nicht «Wissen» ist. Offensichtlich hegen auch Journalisten (nicht nur Politiker) zuweilen vorgefasste Meinungen.

Betreff: radikale Klimabewegte
Datum: 17.07.2019 14:58

*Ihr Autor L.S. versucht, «Klimabewegte» mit radikalen, gewaltbereiten, linksextremen «Diktatorenfreunden» und «Brandstiftern» etc. gleichzusetzen. Dabei wird die globale Verschiebung von Sozialdemokratien zu rechtsextremen populistischen Regimes (USA, Russland, Ungarn, Polen, Italien etc.), welche alle das Klimaproblem leugnen, völlig ausgeblendet. Die seit 40 Jahren der Wissenschaft verpflichtete Umweltbeobachtung lässt nur eine Diagnose zu: wir zerstören den Planeten, immer schneller und endgültig. **Das** ist radikal. **Das** ist extrem. **Das** ist die reale Gefahr und nicht ein paar wenige politische Wirrköpfe. Es ist offensichtlich, dass unser globales Wirtschaftssystem, welches nur mit immerwährendem Wachstum funktioniert, im Kollektiv-Selbstmord der Menschheit enden wird, weil's angeblich nicht anders möglich ist.*

Betreff: Klima und Wirtschaft
Datum: 18.11.2019 17:18

Der Gratistipp ihrer Journalistin K.G. an die «Hohepriester der Klimapolitik», nämlich für mehr Marktwirtschaft zu sorgen, ist reine Politsatire. Alle Daten zeigen doch, dass unbegrenztes Wachstum auf der begrenzten Erde zu den gegen-

wärtigen Problemen wie Klimawandel, Artensterben, Migration, vergiftete Gewässer, Kriege usw. geführt hat. Unsere auf Konkurrenz basierte Marktwirtschaft funktioniert nur mit Wachstum und kein Mitspieler wird sich um (teure) Nachhaltigkeit kümmern können, da er sonst sehr schnell eliminiert wird. Ausserdem bekämpft «die Wirtschaft» Regulierungen als unzulässige Eingriffe in die Freiheit der Unternehmen, und auch die meisten Konsumenten leben nach dem Motto: «nach uns die Sintflut». In dieser Situation nach noch mehr Marktwirtschaft zu rufen, erinnert verzweifelt an Münchhausen, der sich an den eigenen Haaren aus dem Sumpf ziehen wollte. Nach den Daten der Wissenschaft (ausser jenen der Ökonomen) gibt es nur eine Lösung. Das Bevölkerungswachstum muss gestoppt und der Energieverbrauch halbiert werden. Das wird mit der gegenwärtigen Wirtschaftsweise nicht möglich sein, und der nicht zu vermeidende Versuch wird teuer und hart werden.

Printmedien

Da bei Printmedien Falschmeldungen nach wie vor leichter erkannt werden können, als bei all den Online-Plattformen, sind sie der Realität eher verpflichtet als jene. Deshalb sind die Überlegungen und deren Resultate seit meiner Jugend immer auf Zeitungen und Periodika aller Gebiete und politischen Richtungen basiert. Bei den Periodika sind *NZZ*, *Tagesanzeiger*, *Landbote* und *Weltwoche*, dazu *GEO*, *National Geographic*, der *Beobachter* und *Die Alpen* meine Informationsquellen. Mittlerweile ist auch eine Sammlung Jahrbücher *der Weltrundschau* von 1900 bis 2019 (Redaktion Erich Gysling) vollständig, was Nachforschungen zur Geschichte der Menschheit erleichtert. Wissenschaftliche Bücher zu den Themen Philosophie, Digitalisierung, Nuklear- und Gentechnik besorge ich alle zwei Wochen aus der Bibliothek.

Alle in diesem Text gemachten Behauptungen und Befürchtungen sind durch wissenschaftliche Studien abgesichert. Selbstverständlich sind die daraus gezogenen Schlüsse in ihrer Radikalität diskutabel, aus meiner Sicht jedoch logisch und konsequent.

2002 übernahm Roger Köppel als neuer Chefredaktor die *Weltwoche,* worauf das Blatt zu einem Propaganda-Organ der SVP wurde, da schliesslich Übervater Christoph Blocher die Finanzen beigesteuert hatte. Es ging nun die Objektivität verloren, die ich bisher an dem Blatt geschätzt hatte. Ein Artikel zu Gentech-Produkten (mit absurden Behauptungen) führte schliesslich zur Kündigung.

Dieser Artikel war derart frei von Fakten und vernünftigen Argumenten, dass eine Reaktion unumgänglich war. Diese wurde, wie gewöhnlich, nicht veröffentlicht.

Betreff: Dossier Gentech
Datum: Sept. 2002

Wahlfreiheit und damit Trennung und Kennzeichnung von GVO und Bio-produkten als «Öko-Stalinismus» zu bezeichnen, ist ja wohl das Verdrehteste, was man bisher von der Gentechlobby in der Weltwoche lesen konnte. Seit Jahren versuche ich vergebens, von Genetikern und Molekularbiologen Antworten auf sachliche Fragen zu Technik und Erkenntnistheorie zu erhalten. Die Forscher und alle Molekularbiologie-Institute in der Schweiz hüllen sich jedoch in vornehmes Schweigen. Ein einziger Forscher hat wenigstens geschrieben, er wolle meine Fragen nicht beantworten. Auch die Medien reagieren nur auf provokative Leserbriefe, fordern aber dauernd vernünftige Argumente (im Anhang beigebracht) und bringen dann aber solche nicht, weil das kaum die Auflage steigert. Weil die Grundlagenforschung in der Biologie schon lange mangels «Return of Investment» zugunsten der profitorientierten angewandten Forschung aufgegeben wurde, wissen die Beteiligten nicht, was sie tun. So ist zum Beispiel unbekannt, was die Funktion von Artengrenzen sein könnte, wie Zelldifferenzierung (Gestaltbildung) bei gleichem Bauplan jeder Zelle möglich ist, was die Mehrfachwirkung und der Ort einzelner Gene in der DNA für Effekte erzeugen und vor allem, warum diese Effekte von Versuch zu Versuch unterschiedliche Resultate ergeben. Es ist ausserdem ja das uralte Geist-Materie-Problem ungelöst, das heisst es ist unbekannt, wie DNA-gesteuerte Organismen wie Theres L., Roger K. oder Klaus A. zu einer «Meinung» oder «Bedeutung» oder «Empfindungen» kommen. Eines ist jedenfalls klar: die Artikel in der Weltwoche beruhen, genau wie die Genetik selbst, grösstenteils auf (fast sektiererischem) Glauben und nicht auf gesichertem Wissen.

Nach vier weiteren Ausgaben mit unqualifizierten Angriffen auf alles, was nicht SVP- Meinung vertritt, hatte ich genug von der einseitigen Berichterstattung:

Betreff: Abo Wochenblatt
Datum: Mon, 25 Nov 2002 16:57

Sehr geehrte Damen und Herren,
nach reiflicher Überlegung und Evaluation werde ich mein Abonnement Weltwoche nicht mehr erneuern. Als kritischer Zeitgenosse stelle ich Trends fest, die sich bei der Weltwoche entgegen dem von mir Gesuchten entwickeln, nämlich: von der sachlichen Ausgewogenheit zur manipulativen Meinungsmache, von tiefgründiger Recherche zur oberflächlichen Effekthascherei, vom Welt-Wochen-Hintergrund zum lokalen Tages-Skandälchen. Ausserdem scheint neuerdings alles, was eher «links», «alternativ», «ökologisch» und «ethisch» daherkommt, bei Ihnen auf der Abschussliste zu stehen. Dabei wird in den entsprechenden Kommentaren meist auf Facts verzichtet und der auf dem aktuellen Mainstream basierende Glaube als letzter Stand wissenschaftlicher Erkenntnis ausgegeben. Kurz gesagt: Boulevard-Journalismus finde ich andernorts billiger und unverhüllt.

Antwort des Chefredaktors Roger Köppel:

Betreff: Ihre Zuschrift
Datum: Wed, 27 Nov 2002 11:28

Sehr geehrter Herr Egli
mit grosser Bestürzung habe ich ihr Mail gelesen. Zuerst einmal: wenn wir Sie mit unserer Berichterstattung geärgert haben (was offensichtlich ist), möchte ich mich dafür entschuldigen. Das war nicht die Absicht.

Was uns offenbar nicht gelungen ist: Gerade bei heiklen Themen die richtige Tonalität zu finden. Ich will kein Kampfblatt für irgendwelche geistigen, politischen Strömungen, aber es ist mein Ziel, in der Welrtwoche zu jener Offenheit zurückzuklehren, die ich für ihr prägendes Merkmal halte und die ich in den letzten Jahren vermisst habe.

Was die von Ihnen angesprochenen Themen angeht: ich bin tatsächlich der Meinung, dass im Öko-Bereich zum Teil Tabuthemen gesetzt sind, die nach einer genaueren, unvoreingenommeren Betrachtungsweise verlangen. Es liessen sich weitere Bereiche festlegen. das sollte allerdings nicht in dem von Ihnen geschilderten Sinn geschehen, eben weil wir gerade dadruch unglaubwürdig wirken.

Ich bin der Meinung das an ein paar Stellen übersteuert wurde, da gebe ich Ihnen recht, aber insgesamt bin ich nicht der Auffassung, wir seien übertrieben ikonoklastisch/einseitig.
Möchte aber ihren Eindruck gar nicht zerreden. Es war mir aber wichtig, Ihnen ein Signal zu senden, weil ich überzeugt bin, dass unsere Vorstellungen von gutem Journalismus nicht so stark voneinenader abweichen. Was sie ansprechen, ist in meinen Augen eine Kritik nicht an den Prinzipien, aber an der Umsetzung, die ich sehr ernst nehme.

Mit herzlichen Grüssen,   Ihr Roger Köppel

2015 wollte Roger Köppel in den Nationalrat gewählt werden, was er auch mit dem besten Resultat der Zürcher Kandidaten schaffte. Allerdings war seine Begründung der Kandidatur reine «Fake News», was den nächsten Leserbrief provozierte, der ausnahmsweise veröffentlicht wurde.

Betreff: Wahlen
Datum: 27.02.2015 18:06

Wenn ein Journalist, Chefredaktor und Verleger allen Ernstes behauptet, Bundesrat (2 von 7), Nationalrat (61 von 200) und Ständerat (13 von 46) seien «links dominiert», ist er entweder völlig ahnungslos oder ideologisch derart verblendet, dass er keine Mitte kennt. Beides disqualifiziert ihn als Journalist, wie auch als Nationalratskandidat. Wenn er dann als Auslöser für seine Kandidatur die «böse Frau Sommaruga» nennt, die der SVP (welch ein Skandal!) «die Kappe gewaschen» habe, wirkt er wie ein pubertierender Jüngling vollends lächerlich. Ausgerechnet er, der schon immer den aggressiven Stil der SVP mit ebensolcher Schreibe in seinem Wochenblatt kopiert und angeregt hat! Wir brauchen in den Räten keine Extremisten und «Retter der Nation vor den Linken», sondern besonnene Brückenbauer.

Etwas später lag folgender Brief in meiner Post, natürlich anonym, Adresse und Namen gibt es nicht.

Pauline Logorotondo

 Badistrasse 77, 8472 Seuzach

Hallo Max, oder eher Marx?

Ja, Köppel hat nicht recht, leider ist es noch wesentlich schlimmer als er glaubt. Eine Mitte gibt es eigentlich gar nicht, die sind nämlich (fast) alle links, du DDR-Spinner. Die gebauten Brücken (Brückenbauer) führen meistens (für das

Volk) in den Abgrund, also brauchen wir Köppels und keine Brückenbauer.

Jeder vierte beschäftigte in der Schweiz ist ein Staatsdiener, nicht Volksdiener. Der Durchschnittslohn dieser Sesselfurzer, Ausbeuter und Abzocker liegt bei Fr.120'000.-- /Jahr und Person. 1/3 dieser Angestellten ist für unsere Volkswirtschaft völlig nutzlos, ja, sogar noch kontraproduktiv. Nur ein Hirnloser oder Staatsdiener (Eigennutz, Abzocker) schreibt und denkt so wie du. Köppel ist noch ein richtiger Eidgenosse, du bist nicht einmal ein Schweizer. Du bist ein linker Brückenbauer, wo die Brücke nur in eine Richtung geht, nämlich von rechts nach links und am Ende in den Abgrund. Du bist auch wie ein Grieche, dumm, oder einfach nur ein Fauler Staatsdiener, der so richtig nur an sich selber denkt und natürlich an die Steuerzahler die das **noch** Bezahlen. Köppel greift das auf, das passt dir natürlich nicht. Du als Anti-Schweizer, EU und Sommaruga Freund, du verlässt die Schweiz (mit Sommaruga und der linken Bande) am besten sofort, nach Griechenland natürlich, solche Linken, Anti- Demokraten, DDR-Gesindel, Volksverräter und Volksausbeuter, brauchen wir hier nicht!

Links = 3/4 der CVP, die Grünen, die halbe FDP, die ganze SP, EVP, usw.

Unsere Armen Kinder, wenn ihr da bleibt und so weitermacht.

Gruss Pauline

Digitalisierung und künstliche Intelligenz (KI)[5]

Wir leben mit der kompletten Digitalisierung aller Lebensbereiche in einer total neuen, andersgearteten und mit nichts Früherem vergleichbaren Welt. Der Ersatz von Menschen mit Maschinen durchdringt sämtliche Lebensbereiche inklusive

Wirtschaft, Politik, Bildung und Kultur. Insbesondere das Internet in Verbindung mit den Smartphones, bestimmt unseren Tages- und Lebenslauf bis ins letzte Detail. Die von wenigen Firmen im Silicon Valley entworfenen selbstlernenden Algorithmen bestimmen und kontrollieren uns, ohne dass das jemanden zu stören scheint. Zahlenmässig hat jeder auf der Erde lebende Mensch heute ein Smartphone und wir merken nicht, dass die Algorithmen der Start-Ups und deren Plattformen nicht zu unserer Freude gestaltet wurden, sondern um Geld zu verdienen. Es sind unglaubliche Summen (Milliarden $ wöchentlich), die mit den Algorithmen verdient werden. Diese sind so clever gestaltet, dass wir uns glücklich fühlen, sie verwenden zu können. Unmengen von Apps bestimmen unser Leben, sind aber zielgenau dazu konstruiert, unsere Daten abzusaugen, wofür wir obendrein auch noch bezahlen. Mit jedem Klick verdienen Google und Co. Geld, denn unsere Daten (Big Data) werden an die Werbewirtschaft verkauft. Es dreht sich eben alles auf dieser Welt um Profit.

Betreff: GAFA (**G**oogle, **A**pple, **F**acebook, **A**mazon etc.)
Datum: 29.07.2020, 14:45

Es wäre bitter nötig, die Geschäftsmodelle der Silicon Valley Kartelle kritischer zu hinterfragen und nicht nur die oberflächlichen technischen Probleme und die Börsenkurse zu kommentieren. Die in der Schweiz kaum thematisierten Menschenrechtsverletzungen, die diese (alles andere als sozialen) Medienkonzerne «Geschäftsmodell» nennen, werden gar nicht erwähnt. Da werden nicht nur persönliche Daten rücksichtslos ausspioniert und Profile zu einem «Produkt» ausgebaut, sondern dieses auch noch ohne Wissen und Zustimmung der Betroffenen an die Meistbietenden verkauft. Gleichzeitig werden die Daten Geheimdiensten aller Art und Aufsichtsorganen (nur nicht den Steuerbehörden!) überlassen. Noch vor 15 Jahren waren solche Übergriffe in die Privatsphäre schlicht verboten. Heute wird das toleriert, weil 18-

jährige digitale Fachidioten im «freiesten» Land der Erde damit Milliardäre werden, was dort ja schliesslich beweist, dass alles in Ordnung ist.

Dass durch diese Art Digitalisierung Ressourcen- und Energieverbrauch exponentiell ansteigen, Migration, Nationalismus und Kriege gefördert, Fähigkeiten mehrerer Generationen verlorengehen und schlussendlich Demokratie obsolet wird, schein niemanden (auch nicht NZZ-Journalisten) zu beunruhigen.

M.Egli

Auch in der Politik werden diese Techniken benutzt und die grosse Problematik hier ist, dass niemand mehr unterscheiden kann, was real und was virtuell, wahr oder gelogen ist. In den anonym zu benutzenden Plattformen dieser Firmen, bei denen jeder Klick Geld bringt, können sämtliche Wutbürger und Psychopathen ihren Frust und Hass in die Welt hinausposaunen, ohne Konsequenzen befürchten zu müssen. Die Plattform-Betreiber weigern sich nämlich, Hass und Verleumdung, ja selbst Aufrufe zu Mord aus dem Netz zu entfernen, mit der lahmen Ausrede, die Rede- und Meinungsfreiheit sei zu schützen. Kein Wunder wird gelogen, gefälscht, beleidigt, beschimpft und Hass und Gewalt gepredigt, dass es einem graust. Dabei waren die vermeintlich sozialen Medien doch gerade für ein friedliches Zusammenleben gedacht (behaupten die Erfinder) und hätten dazu dienen sollen, weltweit «Freunde» und nicht Feinde zu treffen.

Viele vermeintliche Teilnehmer dieser Plattformen sind keine wirklichen Menschen, sondern sogenannte Bots (bis zu 60%), selbstlernende Algorithmen, die Menschen dazu bringen in Filterblasen ihre Daten freizugeben, um Werbung anbringen zu können. Die Nerds im Silikon-Valley mit ihrem Tunnelblick und ohne jede humanistische Bildung konnten die katastrophalen Wirkungen der asozialen Medien natürlich nicht voraussehen und haben die USA in die Nähe eines Bürgerkriegs gebracht.

Betreff: Political Correctness
Datum: 12.07. 2020, 15:37

Kürzlich war im Landboten, *wie schon seit Jahren in anderen Medien, eine ganze Seite Kritik an der „Political Correctness" zu lesen. Ich frage mich, was denn so schlecht daran ist, mit Andersdenkenden respektvoll und höflich zu streiten.*

Offenbar finden gewisse Journalisten Beschimpfungen, Verleumdungen, Fake News und gar Schlägereien in Parlamenten „ehrlicher" und „authentischer". Es ist aber lediglich sensationeller. Wenn z.B. Trump als authentisch bejubelt wird, heisst das ja nur, dass er den Rüpel nicht spielt, sondern tatsächlich einer ist.

Political Correctness war ein Zivilisationsfortschritt, der nun vom Sensationsjournalismus rückgängig gemacht wird. Kein Wunder wachsen Hass, verbale Gewalt und Shitstorms in den asozialen Medien, aber leider auch im realen Leben. Denn:

einen Tag nach der erwähnten Kritik wurde in mehreren Zeitungen vor der wachsenden Gewaltbereitschaft Jugendlicher (mit Messern!) gewarnt. Das gibt zu denken. Der Zusammenhang ist offensichtlich und ruft nach strengerer Regelung und Bestrafung von Hassreden, Fake News und Mobbing in den asozialen Medien. Die Printmedien werben ja mit „No Fake News", was für Facebook, Google, Twitter und Co. ebenfalls durchgesetzt werden sollte.

Wenn Gesellschaft und Demokratie durch Fake-News-Digitalisierung à la Zuckerberg gefährdet werden, ist dies genauso per Gesetz zu regeln, wie „Betrug", „arglistige Täuschung", „Erpressung", „üble Nachrede" etc.

Leider scheint das weder Politiker, noch Journalisten, noch Wirtschaftsexperten zu interessieren.

M.Egli

Wenn wir 500 virtuelle (fiktive) Freunde haben, die wir nicht kennen, dafür aber mit dem realen Gegenüber am Tisch nicht mehr sprechen, ist das **a**sozial. Auf elektronischen Geräten herumzuwischen, anstatt direkt mit realen Mitmenschen zu kommunizieren, ist **a**sozial. Zu meinen, das trage zu einer friedlicheren Welt bei, ist einfach nur dumm, denn jeder Smartphone Benutzer wird fremdbestimmt, ob ihm das bewusst ist oder nicht. Ausserdem wird er reale menschliche Fähigkeiten wie ***denken, wollen*** und schlussendlich auch ***fühlen*** verlieren, je mehr er Algorithmen (sprich Apps) seine Entscheidungen überlässt.

Was zu Beginn wie das ultimative Super-Leben im Paradies aussah, ist mittlerweile zum sozialen Horror geworden, wo das eigentlich Menschliche, die individuellen Fähigkeiten und Eigenschaften sich in der virtuellen Cloud auflösen. Man «googelt» anstatt selbst zu denken, was die Realität (die Wahrheit) zu einer Mehrheitsmeinung verfälscht. Was man «wollen» soll wird einem unbemerkt untergejubelt und virtuelle Gefühle sind per Definition gefälscht, eben nicht real. Nur lebende Organismen haben Gefühle, Maschinen nie. Es ist nicht zufällig, dass seit Einführung der Smartphones (2004) der durchschnittliche IQ weltweit jährlich um mehrere Punkte fällt, nachdem er vorher, seit Beginn der Messungen, kontinuierlich gestiegen war.

Digitalisierung von maschinellen Prozessen und Verwaltungsvorgängen in der Wirtschaft mögen positive Wirkungen haben. Im sozialen Kontext ist das Virtuelle eine Katastrophe mit unabsehbaren Konsequenzen. Der Energieverbrauch wächst exponentiell, während die Menschheit kulturell derart verblödet, dass ihr das eigene absehbare Ende nicht einmal mehr Sorgen macht.

Wenn Wissenschaftler die Menschheit als obsolet beenden wollen und KI an deren Stelle propagieren (siehe unten), hat die Vernunft ausgedient.

Dümmer geht's nimmer.

2010 las ich ein Buch mit dem Titel *Fatales Design*[24] von einem Insektenforscher und Biologieprofessor in Wien. Der Forscher vertritt die Meinung, dass der Mensch ein Fehldesign sei, und durch KI-Maschinen ersetzt werden müsse, was auch von der Evolution so vorgesehen sei. Das wird von einigen Kollegen aus fast allen Bereichen der Geisteswissenschaften und selbstverständlich von allen Nerds im Silicon Valley geteilt. Auf meine Bemerkungen dazu (siehe unten) schrieb er zurück, er melde sich später. Er habe momentan keine Zeit, finde aber den überflogenen Text äusserst spannend. Danach hörte ich nichts mehr.

Sehr geehrter Herr Professor,

mit grossem Vergnügen habe ich ihr Buch «Fatales Design» gelesen und stimme ihrer Analyse bezüglich Evolution (Darwin), Religion (Götter) und deren Ursachen, sowie Tod, Leid und Schmerz zu. Nun habe ich fast mein ganzes erwachsenes Leben (Jahrgang 1943) fast alles verfolgt, was seit 2500 Jahren zum Materie-Geist Problem gedacht und geschrieben wurde und hier kann ich ihren Ideen nicht folgen. Sie setzen, wie viele moderne Biologen, das Primat der Materie absolut, ohne jedoch die dadurch generierten logischen Probleme und Unmöglichkeiten zu erkennen und zu diskutieren. Entgegen ihren Folgerungen zur Evolution von virtuellem Bewusstsein ist nämlich völlig unklar, wie ein Nichtphysisches (Bewusstseinsinhalte, freier Wille, Intention etc., also «Geist») auf Materie (Gehirne, Nerven etc.) wirken kann. Das wird von keinem ernsthaften Philosophen bestritten.

Sie als Materialist müssen Geist als Produkt der Materie, als Epiphänomen sehen und sind an die Kausalität und Determination der Materie und ihrer Prozesse gebunden. Im kausal geschlossenen Universum der Materie und ihrer Evolution vom Urknall bis zum Professor Lödl kann es keine Lücken für Wirkungen von Geist geben, es sei denn, die Gesetze der Physik (auch der Quantenphysik) wären grundlegend falsch oder krass unvollständig. Auf der Richtigkeit dieser Gesetze beruht aber jede Wissenschaftlichkeit. Mit einem (auch stark eingeschränkten) freien Willen, den sie offenbar selbst erleben, ist das Primat der Materie verletzt und der Materialismus falsch. Unter den Gesetzen von Physik und Chemie ist jedenfalls eine Evolution hin zum Primat des Geistes nicht möglich. Das hat 1987 Hans Jonas in seinem Essay «Macht oder Ohnmacht der Subjektivität?» (Suhrkamp Taschenbuch 1513) schlüssig bewiesen. Fazit: das Materie-Geist Problem ist ungelöst.

Nun zur «Memetik». Seit ca. 1988 habe ich die Entwicklung von «Memetics» verfolgt und muss ihre Bemerkung, diese seien «mittlerweile akzeptiert» doch sehr relativieren. Für moderne Philosophen sind diese Ideen unbrauchbar, offensichtlich jedoch für viele Biologen attraktiv. Aus meiner Sicht: ein untauglicher Versuch, mit neuen Begriffen (Meme für Geist) die alten Probleme des Materialismus (Neodarwinismus) zu umgehen. Richard Dawkins hat offenbar den «objektiven Geist» (die 3.Welt) Karl Poppers missverstanden und mit Wirksamkeit aufgeladen. Poppers 3.Welt war aber als «Wissensspeicher» ohne direkte Wirkung auf Materie (Gehirne) gedacht, denn von einem freischwebenden wirkenden Geistigen kann für den Materialisten keine Rede sein. Die Memetiker behaupten ja, Meme und Memplexe würden Gehirne infizieren (also Geist auf Materie wirken), geben aber offen zu, dass der physische Ort und das «Wie» unbekannt sind. Dieser Rückfall in einen (längst überholten) Dualismus wurde auch von Popper (Wechselbeziehung mit Bewusstsein als Vermittler) mangels Alternativen noch vertreten. Susan Blackmore (die Macht der Meme, 2000) landete ebenfalls in der von Dawkins ca. 1987 angedachten Neodarwinismus-Falle, indem sie Individualität, freier Wille, Intentionalität und gezielte Handlungsfähigkeit als Illusion bezeichnete (und damit alle Kultur, inklusive Wissenschaft und Kunst für obsolet erklärte). Dass sie aber jeden zweiten Abschnitt mit:«Ich denke.....», «Wir sollten......», etc. beginnt, machte die Sache schon damals unglaubwürdig. Gedankliche Loopings wie: «Ich denke, der Mensch denkt nicht selbst ....!» sind aufschlussreich unwissenschaftlich. Das Dawkins und

Blackmore die Wissenschaftlichkeit der Memetics mit der Anzahl Internet Suchen begründen, passt ins verwirrte Bild, denn mit dieser Argumentation ist «Sex», gefolgt von «Porno» die grösste Wissenschaft im «globalen Gehirn des Supermemplexes Gaia». Ähnlich unplausibel argumentiert übrigens Daniel C. Dennett, der in einer Computeranalogie zum Menschen behauptet, die Hardware laufe ohne Software und programmiere (!) sich selbst. Das Erstaunlichste an der Sache ist aber, dass ansonsten kritische Wissenschaftler nicht sehen, dass Memetiker genau dasjenige behaupten, was sie mit ihrer Theorie als unmöglich beweisen wollten, nämlich dass Geist auf Materie wirken kann.

Noch etwas zur künstlichen Intelligenz: wenn Leistungen eines künstlichen Trägers von virtuellem Bewusstsein den menschlichen Organismus übertreffen sollen (gemäss ihren Erwartungen), genügt Simulation einzelner Teilfähigkeiten nicht, sondern das Ganze muss wenigstens dupliziert werden. Das müsste also ein Apparat sein, der die gesamte Evolution und alle individuellen Erfahrungen inklusive Denken, Fühlen, freien Willen etc. eines Menschen speichern und ausdrücken, sowie darauf basierend sinnvoll handeln können müsste. Eine solche Duplizierung käme schlussendlich einem menschlichen Wesen sehr nahe. Wieso das wünschbar oder gar notwendig sein soll, sehe ich nicht.

Warum überhaupt ein virtuelles Bewusstsein ein Ziel der Evolution sein sollte, ist ebenso unklar. Sie sagen ja richtig, dass Evolution ein ungerichtetes, zielloses (!) und zufälliges Geschehen ist. Der Zufall (Mutationen etc.) liegt dabei ausschliesslich in der Zukunft, denn alles was real erscheint, ist immer schon Vergangenheit, also Notwendigkeit und Fakt (=gemacht). Sie haben angemerkt, dass der Mensch evolutionäre Zeiträume kaum überblicken kann und schon gar nicht die Zukünftigen. Man kann allenfalls aus statistischen Daten sehr kurzer Epochen Prognosen für ebenso kurze Zeiträume interpolieren (Wetterprognosen), aber sicher nicht bezüglich Evolution.

Auch sehe ich in der Entwicklung einer virtuellen Welt keine darwinschen Vorteile. Es liess sich bei meinen Schülern eine Verflachung der Empathie proportional zum wachsenden Gebrauch virtueller Kommunikation feststellen. Es ist fraglich, ob diese Verflachung von realen menschlichen Emotionen, Erinnerungen und Fantasie zugunsten virtueller Intelligenz ein evolutionärer Fortschritt wäre. Es könnte auch Verlust von Fähigkeiten ganzer Generationen bedeuten. Dass 500 Freunde, die ich nicht kenne, meinen egoistischen Genen bei der Verbreitung helfen, ist zu bezweifeln.

Sicher aber beschleunigt die digitale virtuelle Welt das exponentielle Wachstum des realen Ressourcen-Verbrauchs, da der einzelne Mensch mit seinem «fatalen Design» jeden Überblick über das Ganze längst verloren hat. Mit dieser beschleunigten Evolution und dem krebsartigen Wachstum sämtlicher Parameter, welche in Jahrzehnten und nicht mehr in Jahrtausenden stattfindet, ist unser Design völlig überfordert. Vielleicht sind wir deswegen mit der Gentechnik gerade dabei, den in Jahrmillionen durch Selektion strukturierten Genpool ahnungslos zu chaotisieren, indem wir nicht nur die Testphasen (Auslese von Mutationen) von Jahrtausenden auf Sekunden reduzieren, sondern sogar die Evolutionsmethode (die Artentrennung) entsorgen. Leider kann die Menschheit all diese fatalen Schwächen nicht einfach in die digitale Wolke auslagern, wenn sie als Art überleben will. Dazu brauchen wir mehr konkrete reale Intelligenz und nicht mehr KI.

Da in 3000 Jahren Philosophie bisher keine plausible Lösung für das Materie-Geist Problem gefunden wurde, vermute ich, dass innerhalb dessen, was wir heute Wissenschaft nennen, eine Lösung prinzipiell unmöglich ist. Das hatte vor 150 Jahren übrigens schon Dubois-Reymond mit seinem berüchtigten «ignoramus et ignorabimus» befürchtet und auch Karl Popper teilte diese Vermutung.

Schlussendlich denke ich, dass der Wunsch nach «virtuellem Bewusstsein» sich sehr wenig von Religiosität, Sinnsuche und Götterglaube unterscheidet. Ich sehe in diesen

Praktiken letztlich Strategien, dem fatalen Design, der sterblichen Physis zu entkommen. Das halte ich vorerst weder für notwendig noch möglich, denn alles Virtuelle kann zurzeit nur in der realen (physischen) Welt eine Wirkung bekommen. Ausschliesslich virtuell zu überleben heisst: real physisch aussterben. Und das möchten meine egoistischen Gene gemäss Darwin und Dawkins ja unbedingt vermeiden.

Mit freundlichen Grüssen, Max Egli

2010 hatte ein Professor in einer Wochenschrift von sich selbst behauptet, ein Automat zu sein. Das widersprach meinen eigenen Erfahrungen total, so dass wieder ein: «Einspruch, Euer Ehren!»   fällig war.......

Betreff: Der Mensch, ein Automat Aug. 2010
Datum: Mon, 20 Sep 2010 23:02,

Es erstaunt immer wieder, dass selbst Evolutionsbiologieprofessoren die offensichtlichen Widersprüche eines unbedingten Materialismus nicht erkennen. Die gesamte menschliche Kultur, inklusive und besonders der Wissenschaft, beruht auf der Wirkung von Geist (Ideen, Gedanken, Intentionen etc.) auf Materie und nicht umgekehrt. Ein (selbsterschaffener?!) Automat namens Professor S. würde nie eine Idee wie die «Menschenmaschine» erfinden und gewollt in die Tasten seines Keyboards greifen, sondern eben absichtslos automatisch funktionieren, gemäss den Gesetzen von Chemie und Physik. Aber diese sind ja auch wieder nicht materiell, d. h. sie sind geistig, von Menschen erfunden!
Das Primat der Materie lässt weder Subjektivität noch freien Willen zu, was der Erfahrung jedes Menschen widerspricht. Wenn materialistische Hirnforscher meinen beweisen zu können, dass Gedanken, freier Wille und Intentionen sowie Gefühle nur das Feuern von Neuronen im Gehirn sind, spielt das keine Rolle, denn es sind Erfahrungen, die jeder Mensch individuell selbst macht. Ich handle, weil ich das so

will. Nach den Behauptungen der Materialisten sind diese Phänomene und Erfahrungen lediglich Täuschungen. Aber: Täuschungen von wem? Oder was? Die Täuschung einer Täuschung? Solche Absurditäten sollten doch einem Wissenschaftler zu denken (!) geben. Einem Automaten ist das leider nicht möglich, da seine Prozesse (per Definition) kausal-determiniert einfach ablaufen.

Der obige Leserbrief wurde sogar veröffentlicht, was einen langatmigen E-Mail Austausch mit einem Leser nach sich zog, der den Standpunkt «Automat» verteidigen wollte. Nach längerem fruchtlosem Hin und Her und absurden Beschuldigungen des Kontrahenten musste ich diese Diskussion wie folgt beenden:

Betreff: Re: Der Mensch, ein Automat Dez 2010
Datum: Wed, 22 Dec 2010 22:09

.... Ausgangspunkt war ja die Aussage des Professors V. S. im GEO, der sich als Maschine oder Automaten bezeichnete. Ein Automat hat aber (und das ist eben gerade seine Definition) keinen freien Willen, kann keine Absichten verfolgen und schon gar keinen Artikel im GEO schreiben. Eine Maschine funktioniert einfach gemäss den kausalen Gesetzen von Physik und Chemie. Eine Maschine ist per Definition determiniert, was geistige Einflüsse (wieder per Definition) ausschliesst.
Wenn Sie diese einfachen Zusammenhänge als: «philosophisch getarnte(?), substanzlose Wortakrobatik auf absichtsvoll(?) schwer durchschaubarem(!) hohem Niveau» erfahren, liegt das vielleicht wirklich am Niveau. Dieses verlangt halt schon eine minimale Logik und etwas philosophisch geschulte Denkweise, welche ich 50 Jahre geübt habe und die auch meine Sprache geformt hat. Es können Materialisten wie auch skeptische Logiker jedoch gleichermassen vernünftige Ideen entwickeln und danach handeln. Nur eben ein Automat nicht!

2015 war das KI-Problem bei Automaten noch immer aktuell, wobei es nun um die Überlegenheit digitaler Systeme über menschliche Intelligenz ging. Viele Forscher sahen deswegen die Eliminierung der Menschen als unausweichlich an.

Betreff: Freund oder Feind
Datum: 21.02.2015 11:53

Redaktion Leserbriefe,
Das Problem ist ja nicht, dass Maschinen intelligenter werden können als ihre Schöpfer, sondern dass Wissenschaftler Rechenleistung mit menschlicher Intelligenz gleichsetzen. Eine Maschine läuft per Definition nach kausal-determinierten Prozessen und hat keine Absichten, keine Emotionen, keine Ideen und schon gar kein soziales Bewusstsein. Ein Roboter kann deshalb weder gut noch böse, weder Freund noch Feind sein. Das Problem der KI ist offenbar, dass die Forscher sich selbst mehr und mehr als Maschinen oder Automaten (Professor V. S. im GEO, 2010) sehen und damit ihre menschlichen Eigenschaften und Fähigkeiten als Schwäche beurteilen. Dabei sind es ja gerade diese Eigenschaften, welche erst die gesamte Kultur, inklusive Kunst und Wissenschaft entstehen liessen. Es wird daher noch eine lange Zeit vergehen, bevor Maschinen sich selbst entwickeln und bauen, wenn überhaupt jemals. Leider zeigt der noch immer bestehende Hunderfache atomare Overkill drastisch, wie selbst als «hoch intelligent» eingestufte Wissenschaftler strohdumm (oder digital dement) sein können. Bezüglich KI, IT und Gentechnik gilt aber hoffentlich der (leicht abgewandelte) Aphorismus:

«Nur die allerdümmsten Kälber bauen ihre Metzger selber!»

Gen-Technik[3]

1998 wurde ich als Fluglotse pensioniert und begann ein Selbststudium der Molekular- und Evolutionsbiologie mit Hilfe der wichtigsten damals verfügbaren Lehrbücher. Die Gen-Techniken waren mir suspekt, da analog zur Atomtechnik (30'000 Jahre) unüberblickbare Zeiträume (Gentechnik = ewig) betroffen sind, und ich wollte genauer wissen, was für Risiken da lauern könnten. Besonders die Technik der Gen-Fähren, bei welcher manipulierte Viren als «Gen-Taxi» in die Zellen lebender Organismen eindringen, schien mir ein hohes Risiko für Pandemien zu haben. Ich hatte einen Katalog mit sechs technischen Fragen aufgestellt, den ich allen vier Universitäten in der Schweiz sandte. Ich erhielt jedoch keine technischen Antworten, da ich offensichtlich als «ahnungsloser Laie» galt und gelte. In der Folge schrieb ich dann halt Leserbriefe. Ab 2012 direkt an 28 Forscher, welche im Auftrag des Bundes an der Risiko-Studie NFP59 gearbeitet hatten und deren E-Mail-Adressen öffentlich waren. Einige davon schrieben zurück und ein Doktor von der UNI Zürich lud mich sogar zu einer Besichtigung seines Institutes ein.

Wirklich beruhigende Antworten gab es (und gibt es bis heute) aber nicht. Die resultierenden Leserbriefe werden unten dargestellt, wobei ich mich auf wenige, typische Beispiele beschränke. 1998 war der erste Brief noch per Schreibmaschine verfasst und per Post eingesandt worden. Veröffentlicht werden Texte dieser Länge in Printmedien jedoch nicht.

Leserbrief   _Dättlikon, Januar 1998_

Gentechnik: machen, statt denken?

Beim Studium der Fachliteratur fällt sofort auf, dass das Grundlagenwissen bezüglich Erkenntnistheorie und Zusammenhänge äusserst mangelhaft ist, so dass die Forderung der USA-Regierung nach mehr Grundlagenforschung nicht erstaunt.

Man weiss z.B. praktisch nichts über den Zusammenhang zwischen der genetischen Ausstattung und dem Bewusstsein bei höheren Organismen, d. h. das alte Materie-Geist (Leib-Seele) Problem ist nicht nur ungelöst, sondern wird gar nicht beachtet. Ebenso ungelöst ist das Rätsel «Zelldifferenzierung», also die Frage, wie aus Zellen mit «identischer Bauanleitung» sich verschiedene Formen und Organe entwickeln können. Ungeklärt muss auch die Möglichkeit von Mehrfachbedeutungen einer DNA-Sequenz, sowie der Bedeutung der Position einer Sequenz innerhalb des Genoms bleiben, da der Forschungsansatz diese Bestimmungen gar nicht zulässt (es wären hunderttausende von Langzeitversuchen notwendig). Ausserdem werden die angewandten Verfahren und deren Theorien (Elektrogel- phorese, Blottings, Genkanone, Markierungen usw.) von hochdekorierten klassischen Forschern (E.Chargaff et al. 1985) als zu ungenau und spekulativ kritisiert, was auch die fehlenden Resultate mit erklärt. Schliesslich wird die Bedeutung der in Millionen Jahren Evolution entstandenen Artengrenzen nicht erkannt oder als unbedeutend eingestuft.

In dieser Situation fehlender Grundlagenkenntnis taugt die Methode «Trial and Error» dann nicht mehr, wenn die Hochsicherheitslabors verlassen werden und in Freisetzungen die gesamte genetische Entwicklung auf der Erde grundlegend (Artengrenzen) und nicht rückhörbar manipuliert wird. «Trial and Error» im Bezug auf die ganze Lebensbasis wird zum russischen Roulette und mit jeder Freisetzung wird einmal abgedrückt. Solche Forschung ist schlicht unwissenschaftlich und man fragt sich, ob beim Biologiestudium vernünftiges Denken verboten ist. Argumente wie: Rückstand der Forschung, Verlust von Arbeitsplätzen, Shareholder Value, «jemand macht's sowieso» usw. sind völlig fehl am Platz, wenn es um die Grundlagen des Lebens in den genetischen Strukturen geht. Definitive Entscheide über «das Leben» als Ganzes durch Freisetzungen, dürfen nicht ein Risikospiel Unwissender sein.

Wie befürchtet und gewohnt, wurde dieser Leserbrief nicht veröffentlicht, er war vermutlich zu lang. Deshalb verfasste ich eine kürzere Version, ebenfalls noch per Schreibmaschine.

Leserbrief   *Dättlikon, 09.01.2000*

Mit welchem Recht verfügen die Gen-Techniker eigentlich über die gesamte Biospähre, in und von der wir alle leben (müssen)? Einmal freigesetzte Organismen können nicht mehr „korrigiert" werden, und ihre Folgen sind nicht absehbar (sonst bräuchte es keine Versuche). Ohne Antworten zu Grundsatzfragen wie etwa, was „gut" und was „schlecht" für die Erde ist, oder etwa, was der Sinn von Artengrenzen, oder bei diesem Versuch, was die Funktion von Stinkbrand in der Natur sein könnte, wird blind probiert, ob „es" geht. Ist es Überheblichkeit oder Dummheit, die den Forschern den Mut gibt, solcherart mit dem Leben (und uns allen) russisches Roulette zu spielen? Mit verantwortbarer Wissenschaft haben diese Versuche jedenfalls nichts mehr zu tun, schon eher mit Ehrgeiz, Arroganz und Profit.

Auf diesen kürzeren, schärfer formulierten und deshalb veröffentlichten Text meldete sich ein Forscher der ETH:

Pilipp Zimmermann
ETH-Institut für Pflanzenwissenschaften
Eschikon 33
8315 Lindau

Betrifft: Stellungnahme im Tages-Anzeiger vom 9.1.00

Sehr geehrter Herr Egli,
in ihrer Stellungnahme vom 9. Januar 2000 im Tagesanzeiger haben Sie die Gentechniker angefochten und gewisse Grundsatzfragen gestellt. Ihre Ansicht ist sicher nicht ein Uni-

kum, in der Öffentlichkeit wird viel über dieses Thema diskutiert, und es ist auch sinnvoll, dass man sich Gedanken darüber macht.

Leider fehlt bei ihrer Argumentation das Wichtigste: die Sachlichkeit. Hier unten meine Bemerkungen zu ihrer Stellungnahme:

Mit welchem Recht verfügen die Gentechniker eigentlich über die gesamte Biosphäre, in und von der wir alle leben (müssen)?

Die Frage ist gerechtfertigt. Doch welche Rechte verfügen die Menschen allgemein, in die Natur einzugreifen? Denken Sie an die Umweltverschmutzung, die Überbauung, etc. machen Sie sich dabei ähnliche Gedanken? In die gleiche Kategorie gehören wir alle, denn wir alle haben in der Natur auf irgendeiner Weise eingegriffen.

Einmal freigesetzte Organismen können nicht mehr «korrigiert» werden, und ihre Folgen sind nicht absehbar (sonst bräuchte es keine Versuche).

Auch in der klassischen Tier- und Pflanzenzüchtung werden Versuche durchgeführt, weil auch dort die Folgen evaluiert werden müssen. Denken Sie daran: jeden Tag essen Sie Produkte, die in den vierziger und fünfziger Jahren in Züchtungsprogramme gekommen sind, wo man mit radioaktiver Bestrahlung Mutationen auslöste, um neue Typen zu bekommen. Da wurden vermutlich hunderte von Genen verändert. Die Folgen von gentechnisch veränderten Organismen für die Umwelt liegen in der gleichen Grössenordnung wie diese. Der einzige Unterschied liegt darin, dass die heute erzeugten, gentechnisch veränderten Pflanzen, viel breiter untersucht werden, als es damals gemacht wurde.

Ohne Antworten zu Grundsatzfragen wie, was «gut» und was «schlecht» für die Erde ist, oder etwa, was der Sinn von Artengrenzen ist, oder bei diesem Versuch, was die Funktion von Stinkbrand in der Natur sein könnte.........

Da haben Sie recht, man muss sich diese ethischen Fragen stellen. Gentechniker stellen sich diese

Fragen natürlich auch, und es gibt auch unter Wissenschaftlern grosse Unterschiede.

......wird blind probiert, ob «es» geht.

Es wird eben nicht blind probiert, sondern es werden alle möglichen Tests durchgeführt, um herauszufinden, ob solche Ansätze sinnvoll sind. Bevor man etwas überprüft hat, kann man es nicht beurteilen. Es braucht also Versuche, die das eine oder das andere bestätigen bzw. widerlegen. Da man aber nicht alles voraussehen kann, muss man sehr vorsichtig vorgehen. Solche Tests sind nicht nur für die Gentechnik gültig, sondern für alle anderen Technologien. Die Konsequenzen von Fluglärm und Luftverschmutzung durch Flugzeuge sind zum Beispiel nicht alle bekannt, aber man forscht weiter, um immer bessere Maschinen zu bauen, die der Umwelt weniger schaden.

Ist es Überheblichkeit oder Dummheit, die den Forschern den Mut gibt, solcherart mit dem Leben (und uns allen) russisches Roulette zu spielen? Mit verantwortbarer Wissenschaft haben diese Versuche jedenfalls nichts mehr zu tun, schon eher mit Ehrgeiz, Arroganz und Profit.

Sie scheinen zu wissen, was die Absichten der Wissenschaftler sind! Zudem wollen sie eine wissenschaftliche Hypothese mit einer anderen Hypothese widerlegen...... Was wäre denn für sie verantwortbare Wissenschaft? Verantwortbar ist in jedem Fall nicht, alles abzulehnen, weil man nicht genug darüber weiss. Es wäre unverantwortlich eine möglicherweise gute Technik (das lasse ich offen) bei der Entwicklung zu verhindern. Versuche sind genau dafür da um diese Frage zu beantworten.

Dass grosse Firmen wie Monsanto profitorientiert sind und in einem gewissen Sinn arrogant sind, ist nicht zu bestreiten. Aber dies ist kein Grund, die Gentechnik generell zu verwerfen. Ich selber arbeite auch in der Gentechnik. Ich bin bei weitem nicht von allem überzeugt, was gemacht wird, und gemacht werden kann. Aber ich bin überzeugt, dass trotz allem die Gentechnik weiterentwickelt werden muss, weil sie auch ein positives Potenzial aufweist.

Ich hoffe, dass sie meinen Standpunkt als Gentechniker etwas besser verstehen, auch wenn wir nicht unbedingt der gleichen Meinung sind. Gemeinsam ist, dass wir beide denken, dass die Gentechnik missbraucht werden kann. Um das zu verhindern, sind vom Bund Kommissionen zusammengestellt worden, die sich mit diesen Fragen beschäftigen und über neue Regelungen entscheiden. Es ist in keinem Fall so, dass die Gentechniker alles machen dürfen.

Mit freundlichen Grüssen,

Pilipp Zimmermann

Meine Antwort:
Betrifft: Leserbrief im TA vom 9.1.00

Sehr geehrter Herr Zimmermann,

vielen Dank für Ihre Reaktion auf meine Polemik im Tagesanzeiger. Zuerst muss ich Ihnen beipflichten bezüglich der Form meiner «Reklamation». Sie ist in hohem Masse unsachlich und polemisch, da in Leserbriefen bei einer komplexen Materie eine sachliche Argumentation zu lang würde und von den Redaktionen nicht akzeptiert wird. Das ist jedenfalls meine Erfahrung gerade mit der Gentechnikdiskussion. So hat mein aggressives Schreiben eine Geschichte, die ich Ihnen kurz schildern möchte:

Im Vorfeld der Genschutzinitiative 1998 hatte ich mich zwei Jahre lang intensiv mit Molekularbiologie und deren Techniken auseinandergesetzt und kam zu Fragen, die ich dann an vier Institute für Molekularbiologie versandte. Antwort kam nur von der Uni Zürich (Dr. Walter Schaffner), die aber auf meine Fragen nicht einging, sondern generell erklärte, meine Bedenken seien unbegründet, da man «alles» im Griff habe. Die Fragen an die Hochschulen habe ich Ihnen beigelegt. Vielleicht gibt es bei ihrem Institut einen Studenten oder Assistenten, der mich beruhigen kann?

Damit sie meine zugegeben angriffige Art des Schreibens nachvollziehen können, habe ich noch eine Reihe von immer kürzer werden werdenden Leserbriefen beigelegt, von denen nur der letzte in der «Weltwoche» erschienen ist. Hier hat eben auch die Ohnmacht des einzelnen Bürgers manchmal einen Ton und Stil zur Folge, den man dann «unsachlich» nennt.

Nun noch zu «verantwortbarer Wissenschaft» und den Absichten der Forscher, die diese Verantwortung zu übernehmen haben. Im Bereich von Freisetzungen sich fortpflanzender Organismen, die immer irreversibel und in der Wirkung unabsehbar sind, gelten die Bedingungen bisheriger Forschung nicht mehr. Da Artengrenzen bisher nicht überschritten werden konnten und evolutionäre Veränderungen (und die nötigen Anpassungen) in Jahrmillionen und nicht Wochen stattfanden, ist eine völlig neue Kultur von Verantwortung erst zu begründen. Bezüglich der Absichten der Forscher bin ich leider zur Ansicht gekommen, dass sich aus vielerlei Motivationen heraus immer einer findet, der «alles» macht, was gemacht werden kann! Dass Sie persönlich nicht zu jener Gruppe gehören, freut mich, doch wird das ihrer Karriere eher hinderlich sein. Trotzdem wünsche ich Ihnen ein gutes neues Jahrtausend und dass sie ihr Verantwortungsbewusstsein behalten können.

Mit freundlichen Grüssen,

Max Egli

Hier nun die oben erwähnten Fragen von 1998 an die Hochschulen, welche für meine Begriffe nicht, oder nur sehr unbefriedigend beantwortet wurden. Anschliessend die schon fast an Realsatire grenzende Erwiderung eines Hochschulprofessors, welche schön zeigt, dass Fragen von Autodidakten gar nicht bedacht und schon gar nicht beantwortet werden.

Max Egli, Juli 2010 (erstmals 1998)

Fragen zur Gentechnik
Die Genetik-Diskussion findet nur noch unter Spezialisten im Bereich "Glauben" und "Ethik" statt, und es kommt immer wieder der Vorwurf von Gentechnik-Vertretern, es fehle an "sachlichen" Gegenargumenten. Technik und Theorie der zukunftsentscheidenden Genetik sollten deshalb öffentlich und kritisch besprochen werden können.

1. Wird das ungelöste (!) Materie-Geist-Problem erkannt?
In den Modellen der Gentechnik gilt noch immer die Materie als allein gültige Ursache aller Realität und ist Grundlage der Forschung, sowie Dogma (Glaube!) der Forscher. Danach sei die Welt kausal-determiniert durch Chemie und Physik, und DNA Ursache aller Bedingungen von lebenden Organismen (F. Crick,1994,2002). In den letzten Jahrzehnten hat aber die Erkenntnistheorie schlüssig nachgewiesen, dass beim Menschen das Primat der Materie unmöglich ist, weil es sonst kein bewusstes, gezieltes Handeln und auch keine Kultur gäbe (H.Jonas, 1986, 1995). Dies bedeutet, dass der Zusammenhang von Materie (DNA)und Geist (Bewusstsein, Wille) **nicht** bekannt ist (in der Philosophie unbestritten!). Wenn nun die Gen-Techniker einseitig das Genom (die Materie) manipulieren, wissen sie eben nicht, was mit dem Geistigen passiert und das ist unwissenschaftlich. Wo bleibt hier die Grundlagenforschung?

2. Ist der Forschungsansatz vernünftig?
Wenn die Forscher nach der Bedeutung einer bestimmten Gen-Sequenz (Krebsgen, Alterungsgen etc.) suchen, werden Organismen gleicher Art, aber mit unterschiedlichen Eigenschaften auf Abweichungen der DNA-Sequenzen getestet. Damit sollen die entsprechenden Gene identifiziert werden. Nach den Lehrbüchern hat aber das Genom (gesamte DNA) höherentwickelter Organismen, z.B. des Menschen, bis zu drei Milliarden Basenpaare (Bp) und ein einzelnes Gen mehrere zehntausend Bp, von denen jedes Einzelne eine Wirkung im Organismus haben kann

(E.Meese/ A.Menzel, 1995; div. Autoren 2003, 2004). Um also mit Sicherheit wissen zu können, was die Veränderung einer Sequenz für Folgen im Organismus hat, müsste man Bp für Bp (also Zehn Tausende pro Gen) durchtesten. Dabei sind Mehrfachcodierungen und Ueberlappungen von Gensequenzen noch nicht einmal inbegriffen. Dazu müsste auch noch der Ort der Gensequenzen auf der DNA Bp für Bp geprüft werden, d.h. es wären Zehn Tausende von Experimenten (z.B. Mäuse-Generationen) abzuwarten. Dass viele Prozesse und Moleküle ausserhalb der Zellkerne von entscheidender Bedeutung sind, wurde lange übersehen und deren Wirkung in der Zelle und auf die DNA ist grösstenteils unbekannt. Da die ganze Sache immer komplexer wird, ist die gewaltige Menge der notwendigen Experimente innert "nützlicher" Frist gar nicht zu bewältigen, weswegen die Forschung hier mit dem Ansatz "Trial and Error" nur Zufallstreffer erzielt. Deswegen verzichten Kontrollorgane wie die US FDA (**F**ood and **D**rug **A**dministration) zum vornherein auf Sicherheitstests, und erklären alle GVO-haltigen Lebensmittel als GRAS! (**G**enerally **R**ecognised **A**s **S**afe!) Damit sind alle Studien aus den USA (seit 1998) korrumpiert. Dies könnte die fehlenden Resultate und die Ablehnung von Genfood in Europa erklären.
Ist das wissenschaftlich saubere Forschung?

3. Wie genau sind die angewandten Techniken?
Auf die einzelnen Manipulationen an den Zellkernen, das "Trennen" und "Kleben" der Gensequenzen, kann ich mangels eigener Erfahrung nicht eingehen. Unbestritten ist, dass jedes Basenpaar eine Wirkung im Organismus haben kann. Nach den Aussagen kritischer Forscher seien die Methoden technisch aber derart ungenau, dass "klassische" Chemiker sie als spekulativ und unsicher bezeichnen (div. Autoren 2003, 2004). Nach den Fachbüchern beträgt die Länge der DNA-Fragmente und deren Ort im Genom mehrere kBp (tausend Bp). Bei den meisten Verfahren zum Einbau von Sequenzen in ein Zielgenom ist der Ort dieses Einbaus nicht bekannt (Gen-Kanone, div. Vektoren), denn die verwendeten Marker umfassen bis zu 3kbp. Dazu gibt es Mehrfach-

Expressionen von Genen, sowie Wirkungen von voneinander entfernten Sequenzen. Nicht geklärt ist dazu die Funktion der nicht codierenden Abschnitte von DNA, und repetitive Sequenzen in hoher Anzahl verursachen grosse Probleme (D.Suzuki, A.Griffiths, J.Miller, R.Lewontin,1991, 2004). In einem transgenen Raps von Syngenta tauchten z.B. neue, unbekannte Sequenzen auf, deren Herkunft unbekannt und deren Wirkung unklar ist. So etwas kann nur passieren, wenn entweder die Technik ungenau oder das zugrunde liegende Modell falsch ist. Was ist es?

4. Was steuert die Zelldifferenzierung?
Obwohl in fast allen Publikationen, die ich bisher studiert habe (die meisten neueren Standardwerke bis 2006), die Zelldifferenzierung als DNA-gesteuert vorausgesetzt wird, habe ich bisher keine vernünftige Erklärung für das theoretische Problem der Steuerung gefunden. Es wird von an- und abgeschalteten, aktiven und inaktiven Genen und Sequenzen gesprochen, aber nicht erklärt, wie solche "Schaltungen" in Zellen mit **identischem** Bauplan (Gene) unterschiedlich ausfallen können. Es wird bis ins letzte Detail ausgeführt, "wie" die Prozesse in der Zelle ablaufen (Beispiel:... teilt sich das Ei...,...anschliessend verlieren einige ektodermale Zellen E-Cadherin, wodurch... , etc.), aber nicht, "was" sie auslöst oder die „Schalter" betätigt (F.Crick, 1994, W.Janning und E.Knust 2004). Nach den Theorien und Modellen der Molekularbiologie dürfte es eigentlich, da kausal-determiniert durch Chemie und Physik, keine „Schaltungen", also keine Evolution von Arten oder differenzierte Organismen geben, sondern bestenfalls uniforme, amorphe Zellhaufen. Kausale Determination lässt eben gerade keine „Entscheide" oder „Schaltungen" zu. Ohne das gesicherte Wissen, was den Phänotyp erzeugt hat, sind genetisch veränderte Organismen (GVO) Zufallsprodukte. Ist das wissenschaftlich?

5. Sind Freisetzungsversuche durchschaubar?
Die Notwendigkeit, die ganze Biosphäre als Versuchslabor zu brauchen, ist in sich selbst schon Beweis für ein Nichtwissen, welches irreversible Veränderung der Lebensgrundlagen bedeutet. Dies ist für mich (beim gegenwärtigen Erkenntnisstand) eine nicht

zu verantwortende Handlungsweise der Wirtschafts- und Wissen-
schaftsvertreter. Die Wirkungen transgener Organismen in der Biosphäre können nicht bekannt sein, weil sie sich eventuell erst
nach mehreren Generationen durchsetzen (nach Darwin) und pa-
thologisch werden. (Beispiel: die mit einem menschlichen Wachs-
tumsgen versehenen Riesenlachse in norwegischen Zuchtfar-
men, welche, nachdem einige aus den Käfigen entwichen sind,
die natürlichen Populationen verdrängen). Es ist nicht überprüf-
bar, ob die heutigen (aber Milliarden Jahre alten) gentechnischen
Verfahren, welche in der Evolution vor der Entstehung mehrzelli-
ger Organismen abliefen, überhaupt kompatibel mit der entstandenen hochdifferenzierten Artenvielfalt sind. Weil Missgriffe nicht
mehr zurückverfolgt werden können, braucht auch kein Verursa-
cher Verantwortung zu übernehmen. Können Freisetzungen (innerhalb weniger Generationen) die notwendigen Erkenntnisse sicherstellen?

6. Was bedeuten Artengrenzen?
In der Molekularbiologie überwiegen Technik und Machen (ange-
wandte Forschung), während die Fragen nach Sinn und Bedeutung der Phänomene ausbleiben oder nur knapp gestreift werden.
Zum Beispiel findet man in keinem der jüngeren Standardwerke
eine vernünftige Interpretation der Funktion von Artengrenzen. In
den Lehrbüchern der allgemeinen Genetik kommt dieser Begriff
nach 2001 nicht mehr vor!
Nach den Erkenntnissen der Evolutionsbiologie (Darwin) entstanden Artengrenzen in Milliarden Jahren durch Selektion, müssen
also Vorteile für „Leben" haben! Solche Vorteile könnten sein:
1.Mutationen bleiben innerhalb der Art. 2.Es könnten wirkungsvoll
Chaos-Effekte wie Rückkoppelungen, Kreislauf-Kollapse und
Pandemien (Viren!) verhindert werden, die in einem **destruktu-
rierten** Gen-Pool (ohne Artengrenzen) die ganze Lebensbasis
gefährden würden. 3.Genetische Schäden könnten sich dank der
Artengrenzen nur auf verwandte Arten und nicht auf den gesamten Gen-Pool der Erde auswirken, was als (selektionierter) Vorteil
für „das Leben" betrachtet werden müsste.

Mit transgenen Organismen in der Biosphäre geht man mutwillig unbekannte Risiken ein und stört unwissend das fein austarierte Netz von vielfältigen Symbiosen und Abhängigkeiten von Organismen untereinander (in der Biologie anerkannte Gaia-Theorie). Die Evolution hat (wenn Darwin recht hatte) die Trennung in Zigtausend Arten verursacht. Diese Strukturierung des Genpools veränderte sich nur in sehr langen Zeiträumen und nur entlang der einzelnen Entwicklungslinien. Auch konventionelle Züchtungen durch den Menschen waren bis vor kurzem nur innerhalb dieser gewachsenen Strukturen möglich. Mit Gentechnik verändert man aber die Grundprinzipien („Verfahren") der Evolution, welche diese Strukturen erst erzeugt haben. Hier ist erst Wissen über die Funktion (den Sinn) der Artentrennung in der Evolution zu erreichen, ehe man diese Trennung (d.h. die ganze Evolution!) als unwichtig missachtet. Ob die Erde die Verkürzung natürlicher Evolutions-Schritte von Millionen Jahren auf wenige Momente im Labor erträgt, ist (und bleibt) systembedingt unwissbar.
Wissen Sie, was Sie tun?

E-Mail-Verkehr mit dem Immunologen Professor Beda Stadler. Es ist offensichtlich, dass der Forscher gar kein Interesse hatte, auf die Fragen überhaupt eizugehen. Diese Erfahrung mache ich seit über 20 Jahren, was äusserst beunruhigend ist und die Vermutung verstärkt, dass die Gentechniker wirklich nicht wissen, was sie tun.

Fragen M.Egli, <u>Einwürfe B.Stadler</u>; **Antwort M.Egli**

Veränderungen an Zellkernen **in der Keimbahn** von **freigesetzten** lebenden Organismen durch Gen-Techniken sind irreversibel <u>(stimmt nicht)</u> und eröffnen eine absolut neue Forschungsdimension <u>(die Dimension gib es spätestens seit Darwin)</u>. **Eingriffe in die Evolution, über die Artengrenzen hinweg und in derart kurzer Zeitspanne sind neu.** Die damit verbundenen Risiken und Chancen sind mit herkömmlichen Standards nicht zu ergründen <u>(das ist eine Behauptung aus dem hohlen Bauch!</u>

Oh nein, das ist eine erkenntnistheoretische Konsequenz, denn es fehlt das theoretische (sprich philosophische) Wissen, wohin die Evolution gesteuert werden soll. Praktische Auswirkungen sind erst nach erfolgter Tat als harmlos oder aber katastrophal zu erkennen. Im (Hochsicherheits!) -Labor ist das nicht zu schaffen, sonst bräuchte es keine Freisetzungen. Insbesondere ist hier die einstmals unverzichtbare unabhängige Grundlagenforschung zur wirtschaftsabhängigen angewandten Forschung mutiert <u>(so ein Unsinn, bereits Pasteur hatte ein Patent auf Leben. Der Begriff Grundlagenforschung ist erst in den fünfziger Jahren erfunden worden).</u> **Früher war alle Forschung grundlagenorientiert, es brauchte keinen solchen Begriff. Heute wird nur noch geforscht, wo wirtschaftliche Perspektiven winken. Den kurzfristig nicht gewinnträchtigen Geisteswissenschaften wird das Geld gestrichen. Patente auf Leben sind rechtlich problematisch, denn es hat noch kein Forscher eine Zelle erfunden oder konstruiert.** und hat nun den Charakter von „russischem Roulette" angenommen. <u>(Unser Körper macht 1 Million Genmanipulsationen (?) pro Sekunde und das Immunsystem fit zu halten und das ganz zufällig.......)</u> **Ja klar, das ist ja im einzelnen Organismus auch gut so und unbestritten, das Problem liegt bei den oben erwähnten überindividuellen Zusammenhängen.** Damit wir künftig **wirklich** wissen, was wir tun, <u>(das hat man insbesondere in der Vergangenheit nicht gewusst)</u> müssten zuerst Grundlagen, wie z.B. die folgenden geklärt sein:

1. Materie-Geist-Problem:
Nach der heutigen Wissenschaft ist die Welt kausal-determiniert durch Chemie und Physik, und DNA Ursache aller Bedingungen von lebenden Organismen (F. Crick, 1994). In den letzten Jahren hat aber die Erkenntnistheorie schlüssig nachgewiesen, dass hier das Primat der Materie unmöglich ist, weil es sonst kein bewusstes, gezieltes Handeln gäbe (H.Jonas, 1986). Dies bedeutet, dass der Zusammenhang von Materie (DNA)und Geist (Bewusstsein,

Wille) *nicht* bekannt ist. <u>(Uff, lesen Sie bitte etwas neuere Literatur. Sie sollten den Begriff «Mem» nachschlagen, damit sie sehen, wohin die neue Biologie zielt).</u> Wenn nun die Gen-Techniker einseitig das Genom (die Materie) manipulieren, wissen sie eben nicht, was mit dem Geistigen passiert und das ist unwissenschaftlich. <u>(Überlegen Sie doch, wer häufiger «genmanipuliert», die Natur oder der Mensch als klitzekleinen Teil davon?)</u> Hier fehlt jegliche Grundlagenforschung. <u>(Nein, sie lesen zu wenig.......)</u>

Auch uff! Dies ist mein hauptsächliches Lesegebiet und ich habe sämtliche bedeutenden Denker, angefangen von Platon und Aristoteles, über die Scholastik zu den Aufklärern La Mettrie, Hume, Kant bis zu den Neodarwinisten Skinner, Dawkins, Dennett etc. eingehend studiert. Bisher am konsequentesten, mit dem meisten Tiefgang, klarster Logik und breitesten Themenkatalog hat sich mir Hans Jonas (†1999, Hauptwerk «das Prinzip Verantwortung») erwiesen.

Trotzdem erlaube ich mir, aus den Erkenntnissen von Zweitausend Jahren menschlicher Denkarbeit meine eigenen Schlüsse zu ziehen. «Memetics» (Richard Dawkins) waren anfangs eine Analogie-Spekulation zum Geist-Materie-Problem, die unversehens durch Gleichsetzungen zur Pseudowissenschaft wurden und sich nun zu einer Vielzahl individueller gegensätzlicher Theorien entwickelt haben. Susan Blackmore (die Macht der Meme, 2000) beendete die Geschichte dieser Neodarwinismus-Falle, indem sie Individualität, freier Wille, Intention und Handlungsfähigkeit des Menschen als Illusion bezeichnet und damit alle Kultur, inklusive Religion, Wissenschaft und Kunst für obsolet erklärt! Dass sie dann aber, wie alle ihre Kolleginnen Bücher mit «ihrem» Namen versieht, Tantiemen und Awards für «ihre» Leistung kassiert und jeder zweite Abschnitt mit: «ich denke.....», «wir sollten.....» etc. beginnt macht die Sache unglaubwürdig. Gedankliche Loopings wie: «ich denke, der Mensch denkt nicht selbst.....» sind aufschlussreich unwissenschaftlich.

Die Konsequenzen solchen Denkens wären gewaltig: es gäbe keinen Altruismus, kein Rechtssystem, keine Schuldfähig-

keit, keine Kunst etc., denn es gäbe nur «Meme», die den Genen dienen, um «survival of the fittest» zu selektieren. Übrigens was der Selektionsvorteil einer totalen Illusion von Bewusstsein im Menschen sein könnte, wird nicht erörtert. Bezüglich Altruismus hat Susan Blackmore wenigstens bemerkt, dass dieser nicht ins Überlebens-Programm des Neodarwinismus passt, bietet aber keine Erklärung an. Dass Dawkins und Blackmore die Wissenschaftlichkeit der Memetics mit der Anzahl der Nennungen bei der Internet-Suche begründen, passt ins verwirrte Bild, denn mit dieser Argumentation ist «Sex» gefolgt von «Porno» die grösste Wissenschaft im globalen Gehirn des «Supermemplexes Gaia». Den Vogel abgeschossen hat übrigens Daniel Dennett, der in einer Computeranalogie behauptet, die Hardware laufe ohne Software und programmiere sich selbst! Meine Sicht zu Memetics seit ca. 1987: ein untauglicher Versuch, mit neuen Begriffen (Meme für Geistiges) die alten Probleme des Materialismus (heute: Neodarwinismus) zu umgehen, was den Rückfall in den längst überholten Dualismus von Descartes bewirkt. Die meisten Genetiker behaupten nämlich, Meme und Memplexe würden Gehirne infizieren (also wirken!) und alle beklagen, dass der physische Ort und das «wie» unbekannt sind. Genau, was ich behauptet habe: man weiss es nicht! (Uff, etwas lang geworden).

2. Forschungsansatz:
Im Genom (gesamte DNA) höher entwickelter Organismen kann von bis zu drei Milliarden Basenpaaren jedes einzelne Paar eine Wirkung in Organismus haben (E.Meese/A.Menzel, 1995). *(das ist blanker Unsinn).*
Dann sind es aber ihre Kollegen, die den Unsinn verzapfen. Da ich nicht in dieser Forschung arbeite, bin ich auf wissenschaftliche Publikationen angewiesen. Auf Ihre Rüge hin, habe ich mich nochmals mit den neuesten Büchern beschäftigt. Zitat aus «Einführung in die Molekularbiologie 2003» (K.Czerwenka, M. Manavi, K. Pischinger, Verlag W. Maudrich, Wien, München, Bern): *das vollständige menschliche Genom ist*

6 Milliarden Basenpaare lang. Ein einziger falscher Buchstabe
kann schon zu Krebs oder anderen Erkrankungen führen. **Als auf
einem einzelnen Basenpaar beruhende Mutationen (ob durch
Natur oder Mensch verursacht) werden genannt:** Punkt- (Austausch oder Verlust von BP), Frameshift- (Verschiebung Leseras-
ter), Nonsens- (Umwandlung in Stopp Codon) und eventuell auch
Misssens-Mutation (Proteinkodierung). **Es ist mir natürlich klar,
dass die meisten natürlichen Mutationen harmlos sind, aber
(Zitat):** alle Karzinome gehen von einer Mutation aus. Sehr selten
bildet eine Mutation ein Gen aus, das den Organismus besser an
seine Umgebung anpasst. Dies ist die genetische Grundlage der
Evolution, sie verändert ihre Botschaft in der Genbibliothek aber
nur in einem Zeitraum von vielen 1000 Jahren. (Seite 22).

Um also mit Sicherheit wissen zu können, was eine Veränderung
einer Sequenz für Folgen hat, müsste man Bp für Bp (also Zehn-
tausende pro Gen) durchtesten.

<u>Man darf nicht einen Unsinn behaupten und daraus Schlussfolge-
rungen ziehen. Das ist autistisch undiszipliniertes Denken.</u>

**Völlig einverstanden, sofern die Behauptung falsch ist! Um
diese zu überprüfen, habe ich noch andere Publikationen
durchforscht: «Genetik» 2004, W. Janning und E. Knust,
Georg Thieme Verlag, Stuttgart; «Einführung in die Molekularbiologie» 1999, Günter Throm, Verlag R.G. Fischer, Stuttgart; und um die Fortschritte zu sehen: «Molekulare Zellbiologie» 1996 2. Aufl., H. Lodisch, D. Baltimore, A. Berk, S.L.
Zipursky, P. Matsudaira, J.Darnell, Verlag de Gruyter, Berlin,
New York. Sämtliche Autoren stützen meine Behauptung, wobei ich ausdrücklich auf meine Formulierung «kann» hinwei-
sen möchte.**

Dazu müsste auch noch der Ort der Gensequenzen auf der DNA
Bp für Bp geprüft werden, d.h. es wären Milliarden von Experimenten (z.B. Mäuse-Generationen) abzuwarten. Dabei sind
Mehrfachwirkungen und Ueberlappungen von Gensequenzen
noch nicht einmal inbegriffen. Die gewaltige Menge der notwendigen Experimente ist innert nützlicher Frist gar nicht zu bewältigen,
weswegen die Forschung hier mit dem Ansatz ***"Trial and Error"***

nur Zufallstreffer erzielt. Dies ist unwissenschaftlich und erklärt die fehlenden Resultate und nicht gehaltenen Versprechen.

Sie haben kein Recht irgendetwas zu behaupten nur weil sie nicht im Stande sind die Literatur zu verfolgen.

Im Stande schon, nur die letzten fünf Jahre nicht mehr Willens, mangels Wirksamkeit. Die neue Überprüfung hat meines Erachtens die behaupteten Facts noch bestätigt, wenngleich ich eine Zunahme der Komplexität feststelle. Das «Recht» auf Schlussfolgerungen ist begründet auf Facts und folgerichtigem Denken. Ich behaupte ja nicht «irgendetwas», sondern, dass man in der Gentechnik zuwenig weiss, was man tut. Also müssen Sie nachweisen, dass die Facts nicht stimmen oder das Denken inkohärent ist.

3. Zelldifferenzierung:
Die Zelldifferenzierung wird als DNA-gesteuert vorausgesetzt. (das grenzet an Wahnsinn...)

Da bin ich für einmal völlig einverstanden. Leider finde ich in beiden neueren Einführungen weder den Begriff Zelldifferenzierung, noch Morphogenese oder Species. Diese Begriffe scheinen so um das Jahr 2000 herum aus den Lehrbüchern verschwunden zu sein, weshalb ich aus dem 1450 Seiten starken und detaillierten oben erwähnten Buch von 1996 zitiere: *an der Spitze der hierarchischen Darstellung der biologischen Organisation stehen schliesslich die Gene. Sie bestimmen nicht nur die Strukturen der Proteine, sondern sie steuern auch den Aufbau der Zellen, die Gewebe- und Organbildung aus den Zellen, sowie die Vielfalt der Funktionen, die für den gesamten Organismus benötigt werden. Die Gene sind nichts anderes als verschlüsselte Anweisungen für die Bauelemente des Lebens in einem aus vier Buchstaben geschriebenen chemischen Code, der als vielfältig variierende Sequenz auf DNA-Molekülen niedergelegt ist. (Auf Seite 6).* **Und aus Genetik 2004, W. Janning und E. Knust:** *Die genetische Information (genauer: die Basensequenz) enthält aber nicht nur die Anleitung für die Synthesenabfolge der Bausteine, sondern auch die Anweisung dafür, wann, in welchen Zellen, und unter welchen Umständen eine bestimmte RNA bzw.*

ein bestimmtes Protein hergestellt werden soll. Die Information über diese Kontrolle der Genaktivierung oder Genexpression ist ebenfalls in der DNA gespeichert, und zwar im allgemeinen vor dem proteincodierenden Abschnitt (upstream), (Seite 8) **und noch etwas von wegen Umwelteinflüssen:** *die Gesamtheit der Gene aller Chromosomenpaare, der Genotyp, bestimmt das Erscheinungsbild, den Phänotyp, eines Individuums (Seite 14)* **Soviel zur Steuerung, Wahnsinn?**

Das theoretische Problem der Steuerung ist aber ungelöst. Es wird von an- und abgeschalteten, aktiven und inaktiven Genen und Sequenzen gefaselt, aber nicht erklärt, wie solche "Schaltungen" in Zellen mit *identischem* Bauplan (Gene) unterschiedlich ausfallen können. Nach den Theorien und Modellen der Molekularbiologie (F.Crick, 1994). dürfte es eigentlich, da kausal-determiniert durch Chemie und Physik, keine Arten oder differenzierte Organismen geben, sondern bestenfalls uniforme, amorphe Zellhaufen. Hier ist ebenfalls zuerst Erkenntnis erforderlich, bevor man Leben neu konstruiert.

Bitte, bitte kaufen Sie sich doch ein Anfängerbuch über Molekularbiologie, dann reden wir wieder. Jeder Student würde im hohen Bogen durch die Prüfung sausen, wenn er solche Behauptungen aufstellen würde

Ich habe nicht den Ehrgeiz, irgend eine Prüfung zu machen und meine Behauptungen sind durch die zum grossen Teil für «Fortgeschrittene» geschriebenen Fachbücher, die ich studiert habe, sowie vielen Gesprächen mit Fachleuten, sehr gut belegt. Heutzutage wird tatsächlich nicht mehr von Analogien wie «Schaltung» oder «Aktivierung» gesprochen, sondern direkt von den beobachteten Vorgängen in der Zelle. Sprachbeispiele: *.......teilt sich das Ei....., ...exprimieren die Zellen...., ...anschliessend verlieren einige ektodermale Zellen E-Cadherine, wodurch......,..... faltet sich ein Abschnitt des Ektoderms ein und bildet.......* **Es wird heute auch sehr viel detaillierter beschrieben, wie Zellen miteinander kommunizieren (E- und P- Cadherine, diverse Botenstoffe). Aber in keinem Werk habe ich eine befriedigende Antwort auf das Diffe-**

renzierungsproblem gefunden. Vielleicht habe ich entsprechende Ausführungen verpasst, dann wären Hinweise willkommen. Es ist mir natürlich klar, dass Morphogenese immer mit der Umwelt zu tun hat, aber wie das funktioniert scheint unbekannt oder uninteressant zu sein, obwohl mir ein Professor der ETH sagte: «Wenn ich das wüsste, wäre ich Nobelpreisträger.»

4. Artengrenzen:
Man findet in der ganzen Molekularbiologie keine vernünftige Interpretation der *Funktion* von Artengrenzen. <u>Die Schweizer Bauern benutzen seit Jahren Produkte, die über die Artengrenze vermischt sind. Lesen Sie mehr über Triticale!</u> **Oh je, die sind aber von der gleichen Art, Süssgräser!** In den meisten Lehrbüchern der allgemeinen Genetik kommt dieser Begriff nicht einmal vor! <u>Um Himmels Willen, was für Bücher lesen Sie eigentlich? Die Bibel?</u>
Obwohl die Bibel kulturhistorisch interessant wäre, lese ich sie nicht, da ich mit Konfessionen und Kultus aller Art nichts am Hut habe. Als technisch gebildeter Mensch bevorzuge ich Sachbücher mit vorwiegend wissenschaftlicher Logik, wie zum Beispiel die faszinierende «Projektive Geometrie», die manchen Biologen kohärentes Denken lehren könnte! Gleichermassen lese ich alles, was von antiken und modernen Philosophen gedacht wurde und wird. Leider findet sich wirklich keine Beschreibung der Funktion von Artengrenzen in den neueren Werken über Molekularbiologie. Das ist ein nachprüfbarer Fakt, auch wenn sie den «Himmels Willen» anrufen. Haben sie selbst vielleicht schon längere Zeit keine Lehrbücher mehr gelesen?
Mit transgenen Organismen in der Biosphäre setzt man möglicherweise ein Sicherheitssystem der Natur ausser Kraft, was schlimmstenfalls „globale Pandemien" oder gar "Evolutions-Abbruch" (-Umbruch ist es sowieso!) bedeuten könnte. Hier ist dringend Sicherheit, d.h. Wissen zu schaffen. <u>Jetzt nimmt mich wirklich wunder, von was für einer Quelle sie diese Ungeheuerlichkeiten haben.</u>

Ich lese, denke und kombiniere selbst. Meine Vermutung war, dass die Evolution in 3 Milliarden Jahren biologischer Entwicklung die Artengrenzen als eine Art Sicherheitssystem für den Genpool selektioniert haben könnte. Damit würden chaotische Entwicklungen, Rückkopplungen, Kreislaufkollapse z. B. viraler oder bakterieller Art genetisch nur wenige (verwandte) Species gleichzeitig beeinflussen, was als selektionierter Vorteil für die gesamte Lebensbasis betrachtet werden könnte. Ich gebe zu, dass diese Vermutung sehr spekulativ und keinesfalls wissenschaftlich beweisbar ist. Es ist aber sicher auch keine saubere Wissenschaft, blind Grenzen zu überschreiten, deren Funktionen nicht bekannt sind, insbesondere, wenn es um «das Leben» (Gen-Pool) und dessen (im Vergleich zur Evolution) allzu kurzfristigen Neuordnung geht.

Ich hoffe, dass diese Themenschwerpunkte irgendwie, irgendwo einfliessen können. Bisher erhielt ich von den zuständigen Fakultäten in der Schweiz auf schriftliche Anfragen keine befriedigenden Antworten.

<u>Haben Sie schon mal überlegt, dass das Problem bei Ihnen liegen könnte und nicht bei den andern?</u>

Da haben Sie absolut recht. Meine Hilflosigkeit gegenüber der Konditionierung der Wissenschaftswelt durch den dogmatischen Neodarwinismus (mit all den oben beschriebenen Konsequenzen), hat mich zu provokativen Verkürzungen gebracht, die von Life Science Vertretern offensichtlich als Scherzfragen empfunden werden.

Ich danke Ihnen sehr, dass wenigstens Sie sich zu einigen Äusserungen provozieren liessen.

P. S. Ich hänge noch das ursprüngliche Fragedokument an, vielleicht geben sie es einem Studenten als Strafarbeit oder so.

Mit freundlichen Grüssen

Max Egli

In der Schweiz wurde ein Gentechnik-Moratorium beschlossen, so dass ich die Genetik 10 Jahre ruhen liess. 2014 war in der NZZ ein Artikel zu lesen, der die Gen-Tech Hobbybastler in den USA beschrieb, welche in Garagen mit ausrangierten Geräten und im Internet bestellbaren DNA-Sequenzen «neue» Organismen erzeugen. Mich erschreckte die Begeisterung des Journalisten für diese «Bio-Hacker».

Betreff: Gott im Hobbyraum, 19.10.14
Datum: 19.10.2014 17:24

Dass ahnungslose Laien Kochrezepte der Gentechnik ausführen können, war wohl zu erwarten. Störend ist nur, dass weder Freizeitforscher, noch die beteiligten Profis wissen, was sie tun. Abgesehen davon, dass auch für Molekularbiologen viele Grundsatzfragen offen sind, ist es aus evolutionsbiologischer Sicht eine Katastrophe, wenn «Gaudi-Bastler» und «Hobby-Götter» ein wenig im Labor spielen. Das wäre ja noch harmlos, solange keine Viren mutiert oder neue Chimären freigesetzt werden. Ob aber die Bio-Hacker gerade dabei sind, ungewollt Bio-Terroristen zu werden, weiss niemand und schon gar nicht die Bastler selbst. Mit ein bisschen Halbwissen und einigen 100$ wird nicht nur in die Evolution gepfuscht, sondern das Grundprinzip derselben, die Artentrennung missachtet. Wenn Laien an der Struktur des in Millionen Jahren gewachsenen Genpools, der Biodiversität herumspielen, kann wegen der involvierten langen Zeiträume niemand wissen, was das für das Leben auf der Erde bedeutet. Hier müsste die Grundlagenforschung erst plausible Antworten auf die offenen Fragen (Zelldifferenzierung, Genauigkeit der Verfahren, Forschungsansätze, Epigenetik, Evolution! etc.) liefern, bevor künstliche Organismen aus der Garage von Ahnungslosen in die Biosphäre entlassen werden. Leider werden solche Bedenken oft gerade auch von Spezialisten gar nicht verstanden, da Sinnfragen und Zusammenhänge gar nicht betrachtet werden. Für die meisten Genetiker ist die DNA nur ein Spielzeug unter Anderen. Eine Schande!

2018 erschien in einer Zeitung ein Interview mit einem englischen Nobelpreisträger, der jegliches Risiko von gentechnisch veränderten Organismen (GVO) bestritt und die skeptische Haltung von NGO's wie «Greenpeace» verteufelte.

Betreff: GVO Risiken, 8.July 2018
Datum: 08.07.2018 16:37

Das Interview mit Nobelpreisträger Sir Richard Roberts ist im Bund «Wissen» fehl am Platz, es gehört in den Teil «Meinung». Es gibt genügend Studien, welche Probleme mit GVO nachweisen. Allerdings werden jene Forscher, die kritische Ergebnisse finden, systematisch behindert und gemobbt und viele von ihnen haben ihren Job verloren. Viel wichtiger ist aber, wie damals bei der Einführung der Atomtechnik: Es werden Langzeitwirkungen nicht bedacht und insbesondere evolutionsbiologische Risiken schlicht nicht diskutiert. Seit 30 Jahren versuche ich bei allen schweizerischen Instituten für Molekularbiologie eine Antwort auf die Frage zu erhalten, was der «Sinn» oder die Funktion von Artengrenzen ist. Vor allem die Evolutionsbiologen sind sich einig, dass Artentrennung oder Biodiversität ein wichtiges Prinzip für «das Leben» auf der Erde war und ist. Das ist den Molekularbiologen offensichtlich egal, denn sie interessieren sich nur dafür, was mit Gentechnik im Moment alles möglich ist. Nur ganz wenige Forscher sehen darin ein Risiko, das wichtigste Prinzip der Evolution, die Biodiversität, nicht zu beachten. Diese Aussenseiter verlangen CIS- Genetik, das heisst Gentechnik nur innerhalb einer Art. Um zu einer solchen Haltung zu kommen, braucht es keine Freisetzungsversuche, sondern logisches Denken und etwas Fantasie. Was, wenn Biodiversität wirklich lebensnotwendig ist? Was, wenn die Artentrennung ein Sicherheitsaspekt der Evolution ist, der zum Beispiel Pandemien auf wenige verwandte Arten beschränkt? Was, wenn die Struktur des Genpools keine willkürlichen Veränderungen erträgt? Bei solchen Fragen versagt die Molekularbiologie mit Sir Roberts total und eben nicht Greenpeace.

Ebenfalls 2018 beurteilte der europäische Gerichtshof (EuGH) eine neue Gentechnik als ebensolche. Grossfirmen hatten versucht, die Auflagen für GVO (gentechnisch veränderte Organismen) zu umgehen.

Betreff: EU Gerichtsentscheid Gentechnik
Datum: 30.07.2018 17:33

Es ist das gute Recht der Presse, sich für Gentechnik einzusetzen. Allerdings sollte dann der Journalist wissenschaftlich korrekt argumentieren. Jeder einigermassen gebildete Laie und ganz sicher jeder Fachmann sieht sofort, dass hier mit Halbwahrheiten und Werbespots der Agroindustrie Propaganda für Gentechnik gemacht wird. Die «neue» Technik CRISPR/Cas9 ist nämlich eine Genschere wie viele andere auch. Die Arbeit im Labor mag schneller und einfacher sein, aber die Resultate dieser Technik sind nicht besser oder schneller als bei anderen modernen Verfahren. Die zum Vergleich genannten Schrotschuss- und Bestrahlungsverfahren sind Relikte aus den Anfangszeiten, längst vergessen und hier reine Polemik, da seit mindestens 20 Jahren mit Dutzenden von Genscheren gezielt Gene aus der DNA herausgeschnitten und gezielt eingefügt werden. Dabei kennt man das Resultat nach wie vor immer erst bei der nächsten Generation. Warum dies nun plötzlich nicht mehr Gentechnik sein soll, konnte offenbar auch der europäische Gerichtshof nicht nachvollziehen.

Unabhängig von der angewandten Technik, liegt das Problem bei den nicht vorhersehbaren evolutionsbiologischen Auswirkungen, also der willkürlichen Missachtung der Artengrenzen. Oder technisch ausgedrückt: bei der zufälligen Änderung der Jahrmillionen alten Methode der Strukturierung des Genpools, genannt Evolution. Wenn Forscher im «breiten wissenschaftlichen Konsens» nicht die leiseste Ahnung davon haben, was das bedeutet, heisst das Nichtwissen zur Wissenschaft erklären. Unter diesem Aspekt die

*EuGH Richter und alle Gentechnikskeptiker als «Fortschritts-
feinde» zu verleumden, ist eine Frechheit, billigster Boulevard und einer renomierten Zeitung nicht würdig. Übrigens
wurde ich schon vor 40 Jahren als Fortschrittsfeind ausge-
buht, weil ich vor den Langzeitwirkungen der Atomabfälle gewarnt hatte. Leider sind meine damaligen Befürchtungen bestätigt worden. Ich bin sicher, auch bei der Gentechnik eine
«sachgerechte Risikobewertung» durchgeführt zu haben.*

In jüngerer Zeit habe Forscher neue molekulare Wirkungs-
mechanismen entdeckt, welche über die DNA-Genetik von
1998 hinausgehen. Es wurden diverse Moleküle mit unterschiedlichen Korrelationen und Wirkungen in der Zelle gefunden (Methylierung, Histone, Chromatin, Prionen u.v.a.m.),
die in ihrer Gesamtheit «Epi-Genetik»[25] genannt werden.
Diese bezeichnet alle Veränderungen in Zellen, welche erst
nach der Befruchtung und der ersten Zellteilung stattfinden.
Von den sechs Fragen aus dem Jahr 1998 ist diejenige nach der Genauigkeit hinfällig geworden. Mit neuen
Methoden (CRISPR/Cas9) können Gene zielgenau verändert, stillgelegt oder aktiviert werden. Allerdings hat die Epi-
genetik die verbleibenden Fragen nach «Geist», Forschungsansatz, Zelldifferenzierung, Freisetzungen und Artengrenzen
derart kompliziert, dass Antworten bezüglich Evolution gar
nicht mehr versucht werden. Gleichzeitig hat die Forschung
der Evolutionsbiologie[26] gefunden, dass die gesamte Biosphäre viel enger vernetzt ist, als bisher gelaubt. Menschen,
Tiere und Pflanzen haben in Jahrtausenden Evolution ein
äusserst empfindliches Gleichgewicht erreicht, welches sich
in der Struktur des Genpools ausdrückt. Gentechnik zerstört
diese Struktur, wie wir gegenwärtig an den vielen Umwelt-
Problemen erleben müssen. Mit wachsender Komplexität
wird auch die Genetik immer spezialisierter und damit der
«Tunnelblick» der Beteiligten immer enger, so dass sie die
grossen Zusammenhänge schlicht nicht sehen können. Wie

bei den meisten modernen Techniken weiss man von fast nichts fast alles, aber von Zusammenhängen gar nichts.

Wasser[21]

Die vom deutsch-amerikanischen Philosophen Hans Jonas (†1999, Hauptwerk *Das Prinzip Verantwortung*)[20] schon 1980 befürchteten Kriege um sauberes Wasser sind eingetroffen, wenn auch nicht ausschliesslich um Wasser, sondern generell um Ressourcen. Was damals noch nicht sichtbar wurde, ist die unglaubliche Verschmutzung der Meere (hauptsächlich durch Kunststoffe), sowie die Vergiftung des Trinkwassers in praktisch allen industrialisierten Ländern der Welt. In allen Ozeanen, selbst in der Arktis und Antarktis, ist in allen mit Wasser verbundenen Lebewesen heute Microplastic (kleinste Kunststoffteile) nachzuweisen. Über die Nahrungsketten sind weltweit alle «modern» lebenden Organismen (inklusive Mensch) mit diesem Microplastic verseucht. Da dies erst kürzlich entdeckt und studiert wurde, sind Wirkungen auf Menschen, Tiere und Pflanzen unbekannt und Grenzwerte nicht beschreibbar. Auch in der hochentwickelten Schweiz gibt es keine Grenzwerte für Kunststoffteile in der Natur. Trotzdem, oder gerade deswegen, sollten Kunststoffe generell als umweltschädlich betrachtet und entsprechend behandelt werden.

Anders ist das bei chemischen Produkten wie Pestiziden, Fungiziden, Herbiziden und Kunstdünger. Hier wurden für Trinkwasser schon vor Jahrzehnten Grenzwerte festgelegt. Erschreckenderweise mussten nun in der Nachbarschaft mehrere Wasserfassungen stillgelegt werden, da einige dieser Werte nicht eingehalten werden konnten. Das bedeutet, dass die als Filter wirkenden Böden durchgängig vergiftet sind und auch die Grundwasserströme teilweise kein Trinkwasser mehr enthalten. Früher galten Brunnenvergifter als die schlimmsten aller Verbrecher und wurden mit dem Tod bestraft. Heute werden die Verantwortlichen aus dem Agrarbusiness vom Steuerzahler subventioniert und sind wegen «Nichtwissen» freigesprochen.

Bezüglich Kunststoffe ist das nachvollziehbar, aber von den Chemie-Problemen weiss man schon seit 50 Jahren und Massnahmen wurden immer mit Hinweis auf Konkurrenzfähigkeit verhindert. Es ist der bekannte Skandal: Man generiert Profit durch Zerstörung der Umwelt. Und niemand wird dafür zur Rechenschaft gezogen. In fast allen Gebieten der Erde sind grösste Probleme im Wasserhaushalt und den Kreisläufen festzustellen. Vergiftung, Trockenheit, Überschwemmungen und Extremwetter sind global, was zum Klimaproblem führt. Einmal mehr bleibt nur die Hoffnung, dass die erstarkten grünen Parteien und Jugend-Bewegungen etwas bewirken können und deren Proteste nicht mehr als Terrorismus verunglimpft werden.

Klima[6]

Als vor über 30 Jahren Klimaforscher die ersten Warnungen äusserten, wurden sie als Panikmacher und linke Aktivisten verunglimpft. Damals waren wir mit der Familie meistens in den Alpen auf Hüttenwanderungen unterwegs, wo wir auch den Rückzug der Gletscher mitverfolgen konnten. Dieser erfolgte jedoch relativ langsam, sodass wir jedes Jahr Ski-Lager und SAC-Skitouren etwa im gleichen Stil durchführten. Saisonale Schwankungen von Temperatur, Schneefall, Niederschlagsmengen usw. waren minim. In meiner Jugend konnten wir fast jedes Jahr einige Wochen Eislaufen und Hockey spielen. Schnee bis in die Niederungen war bis in die 70-er Jahre eine normale Wintererscheinung. So um die Jahrtausendwende änderte sich das dann extrem. Die Warnungen der Klimaforscher wurden immer drängender, was aber die politisch Verantwortlichen kaum erreichte. Erst als dann Al Gore den Film *«Eine Unangenehme Wahrheit»* veröffentlichte, wurde das Thema aktuell. Er hatte in dem

Film festgestellt, dass sich die Erwärmung der Atmosphäre unglaublich beschleunigte. Es war schon immer die Ausrede der Klimaleugner gewesen, Eiszeiten und Veränderungen hätte es schon immer gegeben und die gemachten Messungen seien im normalen Rahmen. Trump twitterte: «man nennt das Wetter». Nun wurde aber nachgewiesen, dass diese Beschleunigung der Erderwärmung noch nie in einem solchen Tempo stattgefunden hatte. Immerhin wurden nun von den Regierungen der wichtigsten der UNO angehörenden Länder Verträge ausgehandelt um die beschleunigte Erwärmung der Atmosphäre in den Griff zu bekommen. Es war nun wissenschaftlich gesichert, dass diese ungewöhnlich schnelle Erwärmung nur von Menschen gemacht sein konnte, da die Kurven von Emissionen und Temperaturen korrelierten. Ebenso war klar geworden, dass nur noch einige Jahrzehnte zur Verfügung stehen, um die schlimmsten Auswirkungen abzuwenden. Dies schien unter den Staaten der Welt Konsens zu sein.

Leider hat sich auch das in den letzten drei Jahren gründlich geändert. Die USA traten aus dem Klimaabkommen aus und die restlichen Staaten konnten sich nicht auf reale Kontroll-Massnahmen einigen. Die «rechten» Despoten wurden ebenfalls zu Klimaskeptikern und -leugnern. Jedenfalls wurden verbindlich formulierte Ziele verfehlt, weshalb sich die Klimaprozesse in ungeahnter Weise verstärken. Nach den Prognosen der Klimaforscher werden in der Schweiz innerhalb von 50 Jahren sämtliche Gletscher verschwunden sein und damit auch die grossen Süsswasservorräte dieses Landes. Bereits findet ein Waldsterben (Fichten) grossflächig statt, was wohl bemerkt, aber kaum kommentiert wird. Die Konsequenzen für den Wasserhaushalt und die Kreisläufe sind nicht absehbar, da Niederschläge und Trockenzeiten kaum mehr vorausgesagt werden können.

Als im Herbst 2019 der Chefredaktor der *Weltwoche* auf Wahlkampftour für den Ständerat durch die Schweiz tingelte, wurde ich (und alle Umweltbesorgten, 1982 noch «Panikmacher» genannt) nach fast 40 Jahren Umweltschutz in seinem

Blatt als **Öko-Terroristen**(!) bezeichnet, weil ich Besorgnis bezüglich Erderwärmung und Klima äusserte. Gemeint war natürlich die von ihm als Terror erfahrene Öko-Logie, also die Lehre von der Umwelt. Wenn aber Trinkwasserquellen in der Nachbarschaft vergiftet sind, gibt es offensichtlich jede Menge Öko-Terroristen (ohne Anführungszeichen!) einer gefährlicheren Art. Man kann schliesslich «Öko» auch als Öko-Nomie, also Wirtschaft übersetzen.

Es ist klar, dass diese Wirtschaft mit ihrem Wachstumszwang und dem exponentiellen Ressourcenverbrauch, sowie die Bevölkerungsexplosion der letzten Jahrzehnte für die Klima-Katastrophe verantwortlich ist. Erde, Luft, Wasser und Sonneneinstrahlung wurden dadurch so stark beschädigt, dass nur ein grundsätzliches Umdenken und eine dreifache Reduktion unserer materiellen Ansprüche das Überleben der nächsten Generationen überhaupt ermöglichen könnte.

Es lässt sich immerhin feststellen, dass Grund zur Hoffnung besteht, da die Jugend auf die Strasse geht, und griffigere und schnelle Aktionen von den Politikern fordert. Neu ist dabei, dass Jugendliche nicht einfach rebellieren (wie wir das noch 1968 taten), sondern mit grosser Sachkenntnis konkret für ihre eigene Zukunft einstehen. Offenbar sind sie klüger und mutiger, als ihre Eltern und die «rechten Führer», von denen einige den Ernst der Lage nicht begreifen wollen oder können. Eine Mehrheit aufmerksamer Menschen hat jedoch erkannt, dass Umweltschutz unabdingbar ist, wenn eine Menschheit längerfristig existieren soll. Wie dieses Ziel zu erreichen wäre, habe ich versucht, in diesem Büchlein zu beschreiben. Dabei habe ich den Schwerpunkt auf Nuklear- und Gentechnik gelegt, weil diese Techniken «ewig» bleiben werden, und somit die Zukunft der Menschheit ebenso «ewig» festnageln. Andere gegenwärtig zerstörerische Entwicklungen wie Digitalisierung, Wachstum von Bevölkerung, Wirtschaft und Ressourcenverbrauch können und müssen zurückgefahren werden. Allerdings steht zu befürchten, dass ein solcher Vorgang mit brutalsten Verteilkämpfen bis hin zum Krieg aller gegen alle verbunden sein könnte. Wenn die

Menschheit die nächsten hundert Jahre überleben will, bleibt ihr aber nichts anderes übrig.

Eine leider sehr unwahrscheinliche Möglichkeit wäre die Wiederentdeckung und Durchsetzung humanistischer Ideale (siehe Seite 46). Da wären (auch materielle) Gleichheit und die Rechte aller Menschen zu realisieren, Freiheit dort zu beenden, wo diejenige des Anderen beginnt und Brüderlichkeit in einer Solidar-Wirtschaft zu leben.

Gleichheit heisst: jeder Mensch erhält genügend Nahrung, Kleidung, Wohnung, Bildung und Gesundheitsversorgung.

Freiheit heisst: kostenloser Anspruch auf Menschenrechte und Schutz durch den Rechtsstaat.

Brüderlichkeit heisst: Solidarwirtschaft ersetzt Kapitalismus. Militär wird durch durch Verträge ersetzt und private Waffen werden abgeschafft.

Die Vorschläge und Massnahmen werden sicher vielen Lesern als allzu extrem erscheinen. Als junger Mensch war ich auch Optimist mit dem Standardspruch: «Es kommt schon gut!» Mit zunehmendem Alter hat sich diese Haltung nun ins Gegenteil verkehrt und es wachsen angesichts der jüngsten Entwicklungen Besorgnis und Verzweiflung. Vom früheren positiven Denken ist nur noch der Verzicht auf Resignation geblieben. Eines ist für mich aber klar:

Extreme Notlagen verlangen extreme Massnahmen.

<u>**Abschliessend noch einmal die wichtigsten Punkte:**</u>

1. Wachstum der Erdbevölkerung stoppen.

2. Wachstum der Realwirtschaft stoppen.

3. Energieverbrauch halbieren.

4. Technik umkehrbar (rückbaubar) gestalten.

<u>**Das verlangt:**</u>

1. Globale Verträge (WHO) zur Kinderzahl (max. 2),
   Bildung fördern.

2. Regionalisierung fördern,
   Globalisierung abbauen,
   Kapitalismus umbauen (Finanzwirtschaft streichen),
   Ressourcen in Kreisläufen wiederverwenden.

3. Fossile Energiegewinnung beenden,
   Energie ausschliesslich von der Sonne,
   Individualverkehr verteuern, ÖV verbilligen,
   Flugverkehr abbauen.

4. Atomenergie beenden,
   Atomwaffen verschrotten,
   Gentechnik nur innerhalb einer Art (CIS-Genetik).

Schon 1982 gab es den «Footprint-Rechner»[9] des WWF, der damals für unsere Familie einen Ressourcenverbrauch von 1,6 Welten pro Person ergab. Die Zahl 1,6 bedeutet, dass wir eine halbe «Welt» mehr verbrauchten, als uns für das Überleben des Planeten zugestanden hätte, und somit unsere Lebensweise nicht nachhaltig war. Meine heutige Auswertung zeigt 1,36. In Katar ist der Wert bei 8! In den USA liegt er bei 5, global bei 2,8.

Nur wenn alle acht Milliarden Menschen durchschnittlich eine 1 erreichen würden, wäre das Überleben der Menschheit gesichert. Die ganze «zivilisierte» Bevölkerung der Erde lebt also dreifach über ihre Verhältnisse und muss Vorstellungen, was ein «gutes» Leben ist, grundlegend revidieren.

Wohlsein (Gesundheit, Lebensfreude, Frieden) ohne *Wohlhaben* ergibt **hohe** Lebensqualität und Zukunft!

Wohlhaben (materieller Besitz, Macht, Ansehen) ohne *Wohlsein* ergibt **keine** Lebensqualität und keine Zukunft!

Vorschlag zur *Bewusstseinsbildung*[9]

Jeder Mensch weltweit erhält von der WHO oder via UNO einen «Fussabdruck-Rechner»[9] wie denjenigen des WWF, online als App oder auf Papier. Das Ausfüllen dauert wenige Minuten und es sind keine speziellen Kenntnisse erforderlich. Die Daten wären jährlich von staatlichen Instanzen (Amt für Statistik, Steuern, Einwohner etc.) der Wissenschaft zur Forschung zu übermitteln, womit der Zustand der Erde und Trends von allen Beteiligten besser erkannt würden.

Das könnte zur Akzeptanz einschneidender Massnahmen führen, um die herum die Menschheit nicht kommen wird, wenn eine Zukunft sein soll.

Epilog

März 2020

Gerade wie ich versuche ein Bild der heutigen Welt zu zeichnen, versetzt eine dritte Art Öko-Terrorist die Welt in einen Schockzustand, wie ihn moderne Menschen noch nie erlebt haben. Die erste Art, die als Terroristen verleumdeten Umweltschützer und Öko-logen sind genauso hilflos, wie die Öko-nomen, die aktiv an der Zerstörung des Lebens beteiligten Wirtschafts- und Politikvertreter. Denn nun kommt der dritte, der durch den grenzenlosen Wachstumswahnsinn verursachte ultimative Öko-terrorist, vor dem ich in der Gentechnikdebatte immer gewarnt habe, nämlich die

Pandemie Corona Virus Covid-19

Angetrieben von der globalisierten Wirtschaft mit dem ungebremsten Wachstum und dem irren Flugverkehr breitet sich der Virus-Terror in wenigen Wochen über die ganze Erde aus. Ein unsichtbares Kleinstlebewesen legt die ganze vermeintlich hochentwickelte Technik-Gesellschaft lahm. Ein neuer Weltkrieg muss geführt werden gegen ein Virus, einen «Feind», der die Welt völlig unvorbereitet trifft. Ehemals offene Grenzen werden für Private geschlossen, Werktätige jedoch nur kontrolliert, um den Anschein von Normalität zu wahren. Populistische Politiker schieben die Schuld auf Ausländer, welche ein «fremdes Virus» eingeschleppt hätten. Gesundheitssysteme, Spitäler und Ärzte werden überfordert. Die Kosten steigen ins Unermessliche. Börsenkurse fallen ungebremst ins Bodenlose. Überall sind Notfallszenarien eingesetzt, um ein allgemeines Chaos zu vermeiden, während die Bevölkerung mit sinnlosen Hamsterkäufen versucht, die Ängste vor drohender Quarantäne zu betäuben. In fast allen

Staaten der Erde kommt alles kulturelle und wirtschaftliche Leben zum Stillstand. Bald werden die Kämpfe Gesundheit versus Wirtschaft losgehen und bereits kursieren abstruse Verschwörungstheorien, es handle sich um eine normale Grippe, der Staat wolle nur die Freiheit der Bürger abschaffen und Bill Gates die Menschheit mit Datensendern impfen!

Das Schlimmste, was einem Menschen passieren kann ist eingetreten, nämlich staatlich verordnete Einsamkeit. Jegliche soziale Interaktion wird für ältere und erkrankte Menschen zum Risiko. Ich kann deshalb meine engsten Angehörigen, Kinder und Enkel (für die ich diese Texte schreibe) nicht mehr umarmen. Nicht weil ich Angst vor Ansteckung hätte, sondern weil ich anderen Menschen nicht die Schuld an einer solchen Ansteckung zumuten will und mein Sohn, wie auch ich, genetisch «herzliche» Risikopersonen sind.

Es ist eine Ironie der perversen Art. Nach dem ich von frühester Jugend an den Sinn des Lebens im Zusammensein mit Partnerin, Kindern, Enkeln und (realen) Freunden gesucht und gefunden habe, kann ich dies nicht mehr so leben. Diese persönliche kleine Freiheit, <u>das Menschsein an sich</u>, ist unmöglich geworden und niemand weiss, für wie lange. Wenn man auf eine Impfung warten muss, wird das Jahre dauern. Ich hatte mir den Lebensabend etwas anders vorgestellt.

Die reine Ironie ist auch, dass der Kampf für humane Ideale wie saubere Umwelt, Menschenrechte, Frieden auf Erden, Null-Wachstum und menschengerechte Technik total gescheitert ist, aber dieses Scheitern nun dazu führt, dass durch das Virus heute tatsächlich (wenn auch wahrscheinlich vorübergehend) Wachstum der Finanz- und Realwirtschaft gestoppt und der Energieverbrauch mehr als halbiert wird.

Ein Virus, jene Kraft, die stets das Böse will, doch hier das Gute schafft.

Januar 2021

Nach einem unglaublichen Pandemie-Jahr, das sämtliche Gesellschaften weltweit zu Notfall-Massnahmen gezwungen hat, gibt es einen kleinen Hoffnungsschimmer, da die ersten Impfungen gegen Covid 19 zugelassen wurden. Diese Impfungen wurden in Rekordzeit entwickelt und getestet, was aber in den asozialen Medien zu absurden Verschwörungstheorien und Demonstrationen von Impfgegnern führte. Diese Leute sehen ihre Freiheit bedroht, nur weil die Verantwortlichen Massnahmen zum Schutze der gefährdeten Bevölkerung verordnen. Da wird Freiheit mit Egoismus verwechselt und ziviler Ungehorsam ausgerechnet dann praktiziert, wenn staatliche Organe für einmal das Wohl der Bürger über die Profite der Wirtschaft stellen.

Bezeichnender Weise hat das Herunterfahren der Wirtschaft und des Gesellschaftslebens mit Lockdown, Homeoffice, Maskenpflicht, Kontaktverboten, Quarantäne, Überlastung der Gesundheitssysteme, Übersterblichkeit der Alten und Kranken, sowie Tonnen von Desinfektionsmitteln bei den Börsen keine längerfristige Wirkung. Aktionäre und Investoren werden noch reicher, andere müssen mit Milliarden Euro und Dollar vor dem Verhungern gerettet werden.

Wie alles auf der Welt, hat auch die Pandemie positive Seiten. Wir erfahren, was für normale Menschen wichtiger ist, als all die schwarmdummen Events (schwarmdumm: etwas tun, weil das „jeder" tut) wie: das um die Welt jetten, der SUV in der Garage, die neuesten Mode-Trends, Schönheitsoperationen, Tattoos und tausend andere Dummheiten, die man aus eigenem Antrieb nie begehen würde. Das Wichtigste, nämlich direkter Kontakt mit Angehörigen und Freunden vermisst man erst in der Quarantäne. Für mich und alle Risikopersonen war 2020 ein verlorenes Jahr. Es bleibt einmal mehr nur die Hoffnung, diesmal auf die Impfung, aber auch, dass die Pandemie etwas Bewusstsein generiert hat.

Literaturverzeichnis

[7]**Bertling,J.**+[21] (2018) *Kunststoffe in der Umwelt: Micro-und Macroplastik*   München: Fraunh. UMSICHT

[1]**Blackmore,S.** (2000) *Die Macht der Meme*
Hamburg: Springer

[2]**Bohr,N.** (1985) *Atomphysik und menschliche Erkenntnis*
Braunschweig: Vieweg

[1]**Brüntrup,G.**[16] (2001) *Das Leib-Seele Problem*
Stuttgart: Kohlhammer

[7]**Burka,U.** (2015) *Zukunftsfähige Geld- und Wirtschaftsordnung.*
Puidoux: Selbstverlag

[1]**Burckhardt,M.** (2018) *Philosophie der Maschine*
Berlin: Matthes&Seitz

[4]**Carlgren,F.**[15] (1995) *Erziehung zur Freiheit*
Stuttgart: Freies Geistesleben

[1]**Chomsky,N.** (2016) *Was für Lebewesen sind wir?*
Frankfurt: Suhrkamp

[4]**Crick,F.** (1994) *Was die Seele wirklich ist*
München: Artemis und Winkler

[3]**Crick,F.** (2004) *Of Molecules and Men*
Amherst: Prometheus Books

[3]**Czerwenka,A.**+ (2003) *Einführung in Molekularbiologie*
München, Wien, Bern: W. Maudrich.

[5]**Daugherty,P.** & Wilson,J. (2016) *Human+Machine*
München: DTV

[1]**Dawkins,R.** (1976) *The selfish Gene*
Oxford: Oxford University Press

[1]**Dawkins,R.** (2000) *Der entzauberte Regenbogen*
Hamburg: Rohwolt

[1]**de la Mettrie, J.** (1990) *Der Mensch als Maschine*
Hamburg: Meiner

[1]**Denett,D.** (2001) *Spielarten des Geistes*
    Hamburg: Goldman

[7]**Diverse Autoren.**[12] (1972) *Die Grenzen des Wachstums*
    Stuttgart: Deutsche Verlagsanstalt

[4]**Diverse Autoren.**[15] (1975). *Waldorfpädagogik*
    Stuttgart: Urachhaus

[7]**Diverse Autoren.**[13] (1982) *Global 2000 - ein Hearing*
    Baden: Nomos

[1]**Diverse Autoren.** (1995) *Aristoteles, philosophische Schriften*
    (deutsch)   Hamburg: Felix Meiner

[1]**Diverse Autoren.** (2017) *Naturphilosophie*
    Tübingen: Mohr&Siebeck.

[7]**Dueck,G.**[23] (2015) *Schwarmdumm*
    Frankfurt: Campus

[1]**Dürr,H.** (1989) *Geist und Natur*
    Bern: Scherz

[1]**Dürr,H.** (2010) *Geist, Kosmos und Physik*
    Amerang: Crotonaverlag

[4]**Edward,L.** (1986) *Geometrie des Lebendigen*
    Stuttgart: Freies Geistesleben

[1]**Eigler,G.** (1983) *Platon, Werke (8 Bände, deutsch)*
    Darmstadt: Wissenschaftliche Buchgesellschaft

[3]**Ennis, C.**[25] (2018) *Epigenetik*
    Mühlheim a.d. Ruhr: Tibia-Press

[1]**Fromm,E.**[17] (1976) *Haben oder Sein*
    Stuttgart: Deutsche Verlagsanstalt

[1]**Harari,Y.** (2017) *Homo Deus*
    München: C.H. Beck

[1]**Harari,Y.** (2018) *21 Lektionen f.d. 21.Jahrhundert*
    München: C.H.Beck

[4]**Helming,H.**[27] (1998) *Montessori-Pädagogik*
    Freiburg im Breisgau: Herder

[1]**Hoerner,W.** (1978) *Zeit und Rhythmus*
    Stuttgart: Urachhaus

[5]**Hofstetter,Y.** (2018) *Das Ende der Demokratie*
    München: Bertelsmann

[1]**Höffe,O.** (2007) *Immanuel Kant*
    München: C.H. Beck

[1]**Höffe,O.** (2015) *Kritik der Freiheit*
    München: C.H.Beck

[4]**Ingold,G.** (2002) *Quantentheorie*
    München: C.H.Beck

[4]**Jablonka,E.**[26]Lamb,M.(2017)*Evolution in 4 Dimensionen*
    Leipzig: S.Hirzel

[3]**Janning,W.** + Knust, E. (1995) *Genetik*
    München: Spektrum Akademischer Verlag

[1]**Jonas,H.** (1973) *Organismus und Freiheit*
    Göttingen: Vandenhoeck&Ruprecht

[1]**Jonas,H.**[20] (1979) *Das Prinzip Verantwortung*
    Frankfurt: Insel

[1]**Jonas,H.**[16] (1981) *Macht o. Ohnmacht der Subjektivität*
    Frankfurt: Insel

[1]**Jonas,H.** (1987) *Technik, Medizin und Ethik*
    Frankfurt a.M.: Suhrkamp

[1]**Jonas,H.**(1988) *Materie, Geist und Schöpfung*
    Frankfurt a.M.: Suhrkamp

[1]**Jonas,H.** (1992) *Philosophische Untersuchungen und*
    metaphysische Vermutungen   Frankf. Suhrkamp

[1]**Jonas,H.** (1993) *Dem bösen Ende näher*
    Frankfurt: Suhrkamp

[1]**Jonas,H.** (1997) *Das Prinzip Leben*
    Frankfurt: Suhrkamp

[8]**Kirchner,G.**[18] (1977) *Pendel und Wünschelrute*
    Gütersloh: Bertelsmann

[3]**Koechlin,F.+** Battaglia,D.(2018) *Was Erbsen hören....*
   Basel: Lenos

[3]**Koechlin,F.** (2017) *Pflanzenpalaver*
   Basel: Lenos

[3]**Koechlin,F.** (2015) *Zellgeflüster*
   Basel: Lenos

[5]**Köhler,T.** (2012) *Die Internet Falle*
   Frankfurt: FAZ Buch

[3]**Lipton,B.** (2011) *Intelligente Zellen*
   Burgrain: KOHA-Verlag

[1]**Liptow,J.** (2013) *Philosophie des Geistes*
   Hamburg: Junius Verlag

[3]**Lodisch,A. +** (1996) *Molekulare Zellbiologie*
   Berlin, New York: de Gruyter

[5]**Lobo,S.** (2019) *Realitäts-Schock*
   Köln: Kiepenheuer&Witsch

[5]**Lödl,M.**[24] (2009) *Fatales Design*
   Merzinger-Pleban: Pressbaum

[1]**Löffler,W.** (2008) *Einführung in die Logik*
   Stuttgart: Kohlhammer

[3]**Meese,A., +** Menzel, A. (1995). *Genisolierung*
   München: Spektrum Akademie Verlag

[6]**Meller,H., +** Puttkammer,T. (2017) *Klimagewalten*
   Darmstadt: wbg Theiss

[4]**Metz,M.S.** (1983) *Bilder im Spiegel der Zeit 1900-1955*
   Vaduz: Jeunesse-Verlagsanstalt

[5]**Milzner,G.** (2016) *Digitale Hysterie*
   Weinheim: Beltz

[5]**Morozov,E.** (2013) *Smarte neue Welt*
   München: Karl Blessing

[5]**Nida-Rümelin,J.+** (2018) *Digitaler Humanismus*
   München: Piper

⁴Nielsen-Sikora,J. (2017) *Hans Jonas*
Darmstatt: WBG Acdemic

⁴Palm,H.¹⁴ (1980) *Das gesunde Haus*
Wien: Ordo-Verlag

⁵Pariser,E. (2015) *Filter Bubble*
München: Carl Hanser

⁴Pinker,S. (2018) *Aufklärung jetzt*
Frankfurt a.M.: Fischer

⁷Piketty,T.²² (2016) *Das Kapital im 21.Jahrhundert*
München: C.H.Beck

⁷Piketty,T.²² (2020) *Kapital und Ideologie*
München: C.H.Beck

¹Popper,K. (2004) *Logik der Forschung, Band 1-4*
Frankfurt: Akademie-Verlag GmbH

⁴Postman,N.¹⁹ (1982) *Wir amüsieren und zu Tode*
Frankfurt: Fischer

⁴Postman,N. (1983) *Das Verschwinden der Kindheit*
Frankfurt a.M.: Fischer

⁷Postman,N. (1992) *Das Technopol*
Frankfurt a.M.: Fischer

⁴Postman,N. (1995) *Das Ende der Erziehung*
Frankfurt a.M.: Fischer

¹Precht,R.D. (2015) *Erkenne die Welt*
München: Goldmann

¹Precht,R.D. (2017) *Erkenne dich selbst*
München: Goldmann

¹Precht,R.D. (2019) *Sei du selbst*
München: Goldmann

¹Precht,R.D. (2018) *Jäger, Hirten, Kritiker*
München: Goldmann

⁵Precht,R.D. (2020) *KI und der Sinn des Lebens*
München: Goldmann

[6]**Rahmsdorf,S.+**(2012)*Der Klimawandel:Diagnose.Prog.Ther.*
   München: C.H.Beck

[1]**Rawls,J.** (2006) *Geschichte der Moralphilosophie*
   Frankfurt: Suhrkamp

[5]**Reischl,G.** (2018) *Die Google Falle*
   Berlin: Ueberreiter

[4]**Rovida,A.** (1988) *Synthetische Projektive Geometrie*
   Dornach: Verlag am Goetheanum

[1]**Rüegg,W.**[11] (1955) *Antike Geisteswelt*
   Gütersloh: Bertelsmann

[4]**Samuel,P.** (1988) *Projective Geometry*
   Hamburg: Springer

[4]**Schmidt,T.** (2004) *Astronomie-Kosmologie-Evolution*
   Stuttgart: Freies Geistesleben

[1]**Searle,J.R.** (2004) *Geist, Sprache und Gesellschaft*
   Frankfurt: Suhrkamp

[1]**Searle,J.R.** (2006) *Geist (Mind)*
   Frankfurt: Suhrkamp

[1]**Singer,P.** (2013) *Praktische Ethik*
   Stuttgart: Reclam

[1]**Skinner,B.** (1982) *Jenseits von Freiheit und Würde*
   Reinbek: Rohwolt

[1]**Spitzer,M.** (1989) *Was ist Wahn?*
   Berlin: Springer

[1]**Spitzer,M.** (2008) *Selbstbestimmen, Gehirnforschung.*
   Heidelberg: Spektrum Akademischer Verlag

[4]**Spitzer,M.**[29] (2012) *Digitale Demenz.*
   München: Droemer-Verlag

[5]**Spitzer,M.** (2018) *Die Smartphone-Epidemie*
   Stuttgart: Klett-Cotta

[1]**Steiner,R.** (1980) *GA 4 Die Philosophie der Freiheit*
   Dornach: Rudolf Steiner Verlag

[7]**Steiner,R.** (1982) *GA 23 Die Kernpunkte der sozialen Frage.*
Dornach: Rudolf Steiner Verlag

[7]**Steiner,R.** (1985) *GA 24 Die Dreigliederung des sozialen
Organismus* Dornach: R.Steiner Verlag

[4]**Steiner,R.** (1985) *GA 6 Goethes Weltanschauung*
Dornach: Rudolf Steiner Verlag

[4]**Steiner,R.**(1998) *GA1 Goethe: Naturwissenschaftliche Schriften*
Dornach: Rudolf Steiner Verlag

[1]**Steiner,R.** (1998) *GA 25 Kosmologie, Religion und Philosophie*
Dornach: Rudolf Steiner Verlag

[1]**Steiner,R.** (1998) *GA 3 Wahrheit und Wissenschaft.*
Dornach: Rudolf Steiner Verlag

[4]**Studer,K.,** +Gysling, E. (1982) *Weltrundschau 1956-2018.*
Salzburg,Freiburg: Weltrundschauverlag

[3]**Suzuki,D.**, & Griffiths, A. + (1991). *Genetik*
New York: Wiley-VCH

[3]**Throm,G.** (2004) *Einführung in die Molekularbiologie.*
Stuttgart: Fischer

[5]**Volkens, B.**+ Andersen,K. (2017) *Digital human*
Frankfurt: Campus

[1]**Weischedel,W.** (1973) *Die philosophische Hintertreppe*
München: Nymphenburger Verlagshandlung

[4]**Wiechert,C.**[15] (2014). *Die Waldorfschule-Eine Einführung*
Dornach: Verlag am Goetheanum

[7]**Wiesmann,M.** (2014) *Solidarwirtschaft*
Basel: Futurum

[5]**Zweig, K.** (2019) *Ein Algorithmus hat kein Taktgefühl*
München: Heyne

[9]**WWF.** (2000). *https://www.wwf.ch/de/nachaltig-leben/foot-
printrechner.*